Werner Dittrich

Unser Heidegarten

Anlage und Pflege

Kosmos
Gesellschaft der Naturfreunde
Franckh'sche Verlagshandlung
Stuttgart

25 Farbfotos von J. Apel (3), W. Dittrich (5), E. Golpon (1), S. Henrich (1), D. Herbel (2), J. Kinkelin (2), K. Partsch (2), W. Schacht (3), A. Schatter (1) und S. Seidl (5) sowie 14 Zeichnungen von W. Dittrich.

Umschlag von Edgar Dambacher unter Verwendung eines Farbfotos von Johannes Apel.

Bild 1. Flächige Pflanzungen, von einzelnen Gehölzen und Gräserhorsten unterbrochen, ergeben ein abwechslungsreiches Bild.

CIP-Kurztitelaufnahme der Deutschen Bibliothek

Dittrich, Werner:
Unser Heidegarten: Anlage u. Pflege / Werner Dittrich.
– Stuttgart: Franckh, 1979.
(Kosmos-Florarium)
ISBN 3-440-04701-6

Franckh'sche Verlagshandlung, W. Keller & Co., Stuttgart / 1979

Printed in Italy / Imprimé en Italie / L 14 H ma / ISBN 3-440-04701-6
Satz: Fotosatz Schönthaler, Ludwigsburg
Reproduktion, Druck und Buchbinder: Editoria S.N.C. di G.A. Benvenuto & Co., Trento (Italien)

Unser Heidegarten

Die natürlichen Heidelandschaften

Als „Heide" bezeichnete man schon von jeher unbebautes Land, das wegen seiner kargen Bodenbeschaffenheit nicht für den Anbau von Nutzpflanzen taugte. Manche dieser Heiden, die stets durch eine charakteristische Vegetation auffallen, sind schon in früher Zeit durch die Einwirkung des Menschen (Waldrodung) entstanden. Man unterscheidet unter anderen zwei besonders markante Heidetypen: Die Zwergstrauchheide oder Echte Heide auf nährstoffarmen, sauren Böden und die Steppen- oder Felsenheide auf mehr nährstoff- und meist kalkreichen Böden.

Die Zwergstrauchheide findet sich vorwiegend in ozeanischen Klimabereichen, also in den küstennahen Gebieten von West- und Nordeuropa. Man bezeichnet sie auch als „Sandheide", weil sie vor allem auf Sandböden vorkommt wie etwa die Lüneburger Heide. Als Charakterpflanze wächst hier das Heidekraut oder die Besenheide (*Calluna vulgaris*). Dieser Heidetyp weist nur wenige Pflanzenarten auf: das bestandsbildende Heidekraut sowie einige Wildstauden, Gräser, Moose und Flechten. An Gehölzen stellen sich ein: Wacholder, verschiedene Ginsterarten, Birke, Eberesche und gebietsweise auch die Kiefer. An nassen und torfigen Stellen geht die trockene Sandheide in Heidemoor mit feuchtigkeitsliebenden Pflanzengesellschaften über.

Die Steppenheiden finden sich mehr im Binnenland der südlichen Bereiche, und zwar ausschließlich auf warmen, trockenen, sehr wasserdurchlässigen Böden, wo sich ebenfalls eine typische, aber andere Flora herausgebildet hat. Man unterscheidet mehrere Formen und trifft sie auch in felsigen, steilen Hanglagen an (Felsheide). In Süddeutschland und den angrenzenden Gebieten dehnen sich die Steppenheiden weniger weit aus als die weiträumigen Sandheiden. Meist umfassen sie nur kleine Flächen, die in der Regel nach Süden exponiert sind. Die Pflanzengesellschaft der Steppenheide ist vielfältig, und wir finden hier zahlreiche Arten mit farbenprächtigen Blüten. An Gehölzen sind Wacholder, Wildrosen, Mehlbeere, Zwergmispel, Geißklee und Kiefer vertreten. In beiden Heidetypen haben sich die Pflanzen den licht- und wärmeintensiven Standorten angepaßt.

Bild 2. Herbstlicher Heidegarten.

Die Heide als Motiv für die Gartengestaltung

Heidegärten anzulegen ist keine Erfindung der Gegenwart; obwohl sie sich jetzt bei vielen Hobbygärtnern einer zunehmenden Beliebtheit erfreuen. Schon früher diente die ursprüngliche Natur als Vorbild für die Garten- und Landschaftsgestaltung, auch lieferte sie zahlreiche Anregungen. Freilich läßt sich in einem Garten keine „echte" Naturlandschaft nachbilden, weil dazu viele Voraussetzungen fehlen. Eine Gartenanlage mit Heidecharakter kann daher stets nur ein nachempfundener Ausschnitt dieser Landschaft sein, bei richtiger Pflanzenauswahl und Gestaltung jedoch manche Besonderheit in unseren Garten bringen.
Die Heide ist der Inbegriff einer weiträumigen und freien Landschaft, was ihre Nachbildung besonders erschwert. Viele nehmen als Vorbild die reine *Calluna*-Heide. Doch kann man diese Vorstellung ohne weiteres auch auf andere Heideformen übertragen. Die Eindrücke, die man beim Durchwandern dieser vielseitigen Landschaft gewinnt, beeinflussen unsere „Heidegartenidee" nachhaltig. Um eine annähernde Heidestimmung zu erzielen, bedarf es freilich größerer Anlagen. Doch auch auf kleineren Gartengrundstücken lassen sich Heidegärten anlegen. Schon ein Heidebeet von wenigen Quadratmetern bereitet bei fachgerechter Bepflanzung seinem Besitzer viel Freude. Ebenso lassen sich in Pflanztrögen mit besonders ausgewählten Heidepflanzen ansprechende „Miniaturlandschaften" gestalten.
Beim Aufbau eines Heidegartens bieten sich verschiedene Möglichkeiten an: Auf sandigen, kalkfreien Böden wird man die *Calluna*-Heide als Leitbild wählen, auf kalkhaltigem Untergrund mehr die Steppenheide. Bei entsprechenden Vorkehrungen, kann man auch Pflanzenarten aus verschiedenen Heideformationen in einer Anlage vereinen. Diese nicht immer problemlose Kombination stößt zwar bei manchem Heidefreund auf Ablehnung, gibt andererseits aber dem passionierten Pflanzensammler die Möglichkeit, viele Pflanzenarten nach ökologischen und zugleich ästhetischen Gesichtspunkten auf engstem Raum miteinander zu vergesellschaften. Als Gestaltungsmöglichkeiten bieten sich an: die große Anlage, eventuell als Gesamtgarten, die aber nur im Idealfall bei sehr günstigen (kalkarmen) Bodenverhältnissen für die *Calluna*-Heide in Betracht kommt; dann ein besonderer Gartenteil, abgetrennt oder in Verbindung mit anderen naturnahen Anlagen wie Steingarten, Alpinum, Rhododendronpflanzung und Moorbeet oder Vorgarten (Bild 3), dann zweckmäßig als einheitliche Anlage gestaltet. Bei modernem Baustil des Wohnhauses ist der regelmäßige (architektonische) Heidegarten angebracht; in kleineren Gärten das Heidebeet als Vorpflanzung an Terrassen und Sitzplätzen oder an anderen geeigneten Stellen im Garten. Schließlich sei noch die Bepflanzung von nicht zu kleinen Trögen,

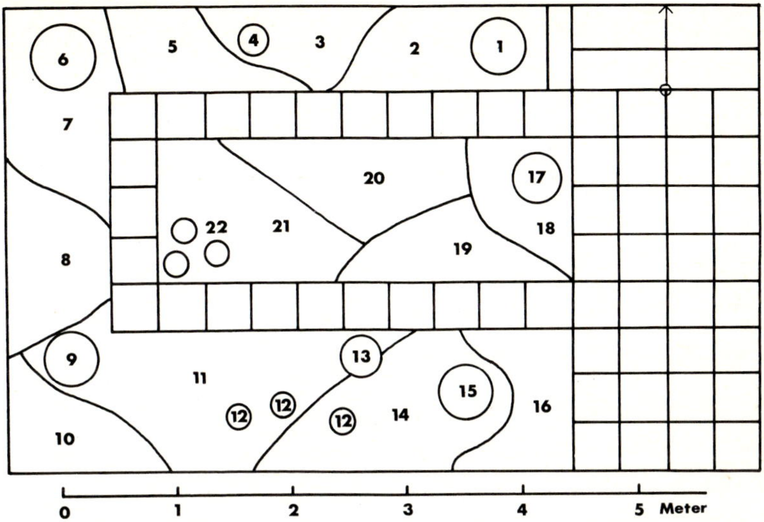

Bild 3. Ein Vorgarten als regelmäßiger Heidegarten gestaltet. **1** *Pinus cembra* 'Compacta Glauca', **2** *Erica carnea* 'Vivellii', **3** *Erica carnea* 'Springwood', **4** *Panicum virgatum,* **5** *Erica carnea* 'Winter Beauty', **6** *Juniperus communis* 'Meyer', **7** *Erica* x *darleyensis* 'Silberschmelze', **8** *Calluna vulgaris* 'J. H. Hamilton', **9** *Betula nana,* **10** *Calluna vulgaris* 'Alba Rigida', **11** *Calluna vulgaris* 'Pilosa', **12** *Bouteloua gracilis,* **13** *Cytisus decumbens,* **14** *Calluna vulgaris* 'Mullion', **15** *Picea abies* 'Nidiformis', **16** *Erica carnea* 'Ruby Glow', **17** *Genista lydia,* **18** *Antennaria dioica* 'Rubra', **19** *Calluna vulgaris* ;County Wicklow', **20** *Calluna vulgaris* 'Roma', **21** *Calluna vulgaris* 'Decumbens', **22** *Festuca glauca.*

Pflanzkübeln (Schalen) und Balkonkästen genannt. Die eingebauten Pflanzwannen auf den Balkonen moderner Terrassenwohnungen kann man ebenfalls mit Heidepflanzen besetzen.

Lage und Form des Geländes

Für Heidegärten kommen nur freie, sonnige Lagen in Frage, am besten ein ebenes oder leicht nach Süden (SO bis SW) geneigtes Gelände, das den Standortansprüchen der Heidepflanzen am ehesten entspricht. Ausgesprochene Nordlagen und schattige Plätze sind für Heidegärten ungeeignet. Zur Anlage eines reinen Steppenheidegartens kann man auch steiler geneigte, vollsonnige Hänge und Böschungen gut ausnutzen, da die natürlichen Steppenheidegesellschaften häufig an steileren Hanglagen auftreten. Nicht anzuraten sind solche Flächen für die Anlage einer *Calluna*-Heide, da hier das lockere Torf/Sandgemisch durch Gieß- und Niederschlagswasser leicht abgeschwemmt würde.

Der Boden und seine Vorbereitung

Der pH-Wert des Bodens

Nicht nur das Relief des anstehenden Bodens ist für die Anlage eines Heidegartens ausschlaggebend, sondern auch seine innere (chemische) Beschaffenheit. Es kommt darauf an, ob der Boden kalkhaltig ist, neutral oder sauer reagiert. Diese Eigenschaften drückt man durch den sogenannten pH-Wert aus. So bedeuten: pH 1,0–7,0 sauren Boden mit fehlendem bis mäßigem Kalkgehalt, pH 7,0 neutralen Boden, pH 7,0–10,0 kalkreichen Boden. Für die reine *Calluna*-Heide sollte ein pH-Wert von 5,0 möglichst nicht überschritten werden. Einschlägige Fachgeschäfte für Gartenbedarf bieten sogenannte Pehameter in verschiedener Ausführung an. Mit ihrer Hilfe läßt sich ohne Schwierigkeit der Säure- bzw. Kalkgehalt eines Bodens feststellen. Man kann aber auch verschiedene Bodenproben entnehmen und an Untersuchungsanstalten einsenden. Die Anschriften erfährt man bei den zuständigen Landwirtschaftsämtern.

Die Calluna-Heide

Wer einen Garten mit kalkfreiem, sandigem Boden besitzt, hat kaum Schwierigkeiten beim Herrichten der Pflanzflächen für einen Heidegarten. Man darf den anstehenden Boden nur mit Torf anreichern. Zuvor aber muß man die ganze Fläche – am besten im Spätherbst – umgraben und von Unkrautwurzeln befreien. Während des Winters läßt man den gelockerten Boden gut durchfrieren und breitet den Torf im Frühjahr aus. Es ist zweckmäßig den Torf schon eine Zeitlang vorher gut anzufeuchten und nur so zu verarbeiten. Trockener Torf wird vom Wind sehr leicht verweht. Auf großen Flächen, wo man viel Torf benötigt und ein vorheriges Anfeuchten nicht möglich ist, bringt man ihn am besten vor einem zu erwartenden Niederschlag aus. Je nach dem pH-Wert des Bodens, benötigt man für 10 qm Fläche ca. 2–3 Ballen Torf, den man nur bei trockenem Frühjahrswetter etwa 15 cm tief einarbeitet, entweder von Hand mit der Hacke oder maschinell mit der Bodenfräse. Reicht diese Menge nicht aus, bringt man in einem 2. Arbeitsgang den fehlenden Torf in die Oberschicht der Fläche ein. Das Einarbeiten des Torfes geschieht sorgfältig, damit er mit dem anstehenden Boden gleichmäßig vermischt wird. Der optimale pH-Wert der hergerichteten Pflanzfläche sollte zwischen 4,0 und 5,0 liegen (Bild 4).
Bei kalkarmen, schweren (lehmigen) Böden verabreichen wir zur Lockerung noch zusätzlich eine Gabe von grobkörnigem Flußsand (Quarz),

auf 3 qm ca. 1 Schubkarre, je nach Bodenbeschaffenheit auch mehr. Bei sehr kalkreichen und schweren (bindigen) Böden bedarf es besonderer Vorbereitungen:

Auffüllen der Pflanzfläche mit einem Torf-Sand-Gemisch, mindestens 25 cm hoch. Die Aufschüttung kann auch flachhügelig erfolgen. (Bild 5). Auf 3 Ballen Torf kommt 1 Karre Sand. Das angefeuchtete Substrat ist nach dem Aufbringen gut anzutreten, damit später keine starke Setzung eintritt. Um eine Abschwemmung der lockeren Masse zu verhindern, faßt man die Ränder der Anlage mit kalkfreien Steinen oder Holz (-Stämmen) ein. Empfehlenswert ist die Lockerung des Untergrundes vor dem Auffüllen.

Ausheben der Pflanzflächen auf etwa eine Spatentiefe (ca. 25 cm). Sohle und Ränder der Mulde legt man mit Nadelholzreisig, in 10 bis 15 cm dicker Schicht aus, die eine direkte Verbindung des sauren Substrates mit dem kalkhaltigen Untergrund verhindern soll (Bild 6). An geneigten Lagen wird durch diese Dränageschicht das hangseitig eindringende Wasser abgeleitet. Eine an der tiefsten Stelle der Mulde angelegte Sickerung (Steinpackung) verhindert Staunässe. Das Torf/Sand-Gemisch füllt man ca. 30 cm hoch ein und verdichtet es durch Antreten. Die Aufful-

Bild 4. Eine naturnahe *Calluna*-Heide.

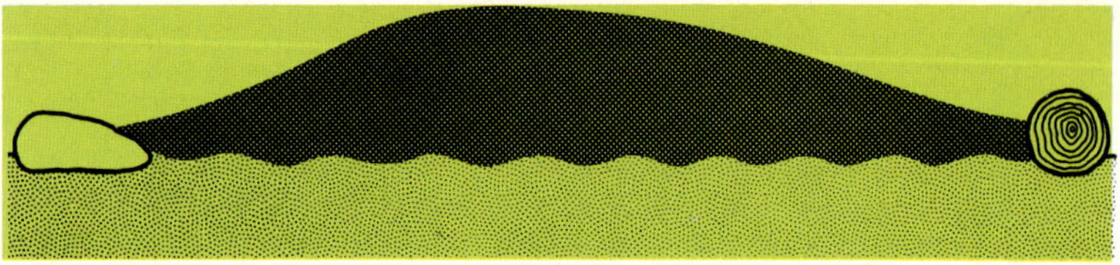

Bild 5. Mit saurem Torf/Sand-Gemisch aufgefüllte Pflanzfläche auf kalkhaltigem Untergrund nach vorheriger Lockerung des anstehenden Bodens. Den Böschungsfuß des flachen Hügels sichert man mit Steinen oder Stammholz gegen Abschwemmung.

lung sollte ca. 10–15 cm höher als das umgebende Gelände sein. Den Übergang zum angrenzenden Garten kann man ebenfalls mit einer natürlich wirkenden Einfassung aus Stein oder Holz gestalten, doch lohnt sich dieser Arbeitsaufwand nur für kleinere Anlagen: für Heidebeete, Vorgärten oder für die Pflanzstellen der Kalkflieher in gemischten Heidegärten.

In stark kalkhaltigen Böden kann man auch durch ein weniger bekanntes Verfahren – mittels Schwefelbehandlung der Erde – einen zu hohen pH-Wert absenken. Dazu streut man Schwefelblume auf die vorgesehene Fläche gleichmäßig aus und arbeitet sie 15–20 cm tief ein. In der Erde oxydiert der Schwefel und führt das für säureliebende Pflanzen (Kalkflie-

Bild 6. Querschnitt durch die vertieft angelegte Pflanzfläche eines kleinen Heidegartens auf kalkhaltigem Untergrund. **1** Einfassung (Begrenzung) mit Rundholz, **2** Sickerung, **3** kalkfreies Pflanzsubstrat (Torf/Sand-Gemisch) **4** Dränage- und Isolierschicht aus Nadelholzreisig, **5** begrenzender Stein (Findling).

her) schädliche Calciumcarbonat in eine neutrale Verbindung (Gips) über. Erst 4 Wochen nach dem Ausbringen des Schwefels kann man in den angesäuerten Boden Torf und Sand einarbeiten (auf 10 qm 4 Ballen Torf und 2 Karren Sand, eventuell auch mehr).

Notwendige Schwefelmengen zum Absenken des pH-Wertes:

Schwefelblume kg/qm	Absenkung von pH	auf pH
0,8	6,0	5,0
1,4	7,0	5,0
1,9	8,0	5,0

Für Sandböden kann man diese Schwefelmengen um $^1/_3$ verringern, für schwere Lehmböden muß man sie um $^1/_3$ erhöhen. Um den pH-Wert ohne Schwefelanwendung von 6,5 auf 5,5 abzusenken bedarf es 4 Ballen Torf auf 10 qm.

Die Steppenheide

Auf sehr kalkreichen Böden, wo die Anlage einer *Calluna*-Heide zu aufwendig ist, wird man sich zwangsläufig für die Steppenheide bzw. deren kalkliebende Pflanzen entscheiden (Bild 7). Im Herbst gräbt man das in Frage kommende Stück Land um und lockert bei flachgründigen, steinigen Böden die Oberschicht mit Hacke oder Pickel. Im zeitigen Frühjahr breiten wir den angefeuchteten Torf und den Sand aus und hacken alles gründlich ein. Je schwerer die Erde ist, um so mehr Torf und Sand muß man dann verwenden. Für Steppenheidepflanzen genügt erfahrungsgemäß die Hälfte der bisher angegebenen Mengen.

Die gemischte Anlage

Will man Pflanzen aus beiden Heidetypen in einer Anlage vereinen, sollte man sich auf gewisse Schwierigkeiten gefaßt machen. Auf Kalkböden müssen alle Pflanzstellen für säureliebende Heidepflanzen hergerichtet werden wie auf Seite 11 beschrieben. Vorteilhaft ist es, die kalkfreien Stellen durch flache Aufschüttung des Torf-Sandgemisches erhöht anzulegen. Das verhindert eine Einschwemmung von Kalk (siehe Bild 5). Die erhöhten oder eingefüllten Stellen darf man jedoch nicht zu klein wählen. Umgekehrt muß man einen sauren Boden für kalkliebende Pflanzen standortgemäß vorbereiten. Einige Arten gedeihen auch in mäßig saurer Erde zufriedenstellend. Für ausgesprochene Kalkpflanzen aber richten wir die Pflanzstellen außerhalb der *Calluna*-Flächen her, mehr im Randbereich.

Bild 7. Naturnahe Steppenheide im Botanischen Garten Tübingen.

Entweder füllt man diese Stellen mit kalkhaltiger Erde ein oder hebt den zu niederen pH-Wert des Bodens mit einer Gabe kohlensauren Kalkes (Düngekalk) an (200–400 g/qm). Bei starken Säuregraden im folgenden Jahr wiederholen. Eine Aufkalkung ist aber, wenn überhaupt vertretbar, nur in ebenem Gelände ratsam. In Hanglagen wäre die Gefahr der Auswaschung in tiefer gelegene, saure Bereiche des Heidegartens gegeben.

Individuelle Bodenvorbereitung

Neben den allgemeinen und flächenhaften Bodenvorbereitungen muß man die Pflanzstellen für Gehölze und andere Begleitpflanzen besonders herrichten, vor allem im aufgefüllten Heidegartengelände. Für Gehölze mit großem Erdballen heben wir tiefere Pflanzlöcher aus. Man füllt diese Gruben (Durchmesser mindestens doppelt so groß wie der Erdballen der Pflanze) gegebenenfalls mit etwas schwerer Gartenerde ein und gibt gleichzeitig die Vorratsdüngung. Insbesondere für Trockenheit liebende Gewächse wie Fetthenne, Thymian, Federgräser, Nelken „verbessern" wir den Standort mit Sand oder Kies. Rohhumus liebende Pflanzen (*Erica tetralix, Daboecia, Vaccinium*) bekommen mehr Torf. Kleingehölzen und Stauden schadet etwas lehmige Erde im Untergrund nicht; sie erhöht die wasserhaltende Kraft des durchlässigen (sandigen) Heidebodens.

Die Grund- oder Vorratsdüngung wird schon bei der Bodenvorbereitung verabreicht. Den Dünger arbeitet man zweckmäßig zusammen mit Torf und Sand ein. Bewährt haben sich organische, langsam wirkende Dünger wie Oscorna-Animalin, Rizinusschrot, Guano oder organisch-mineralische Dünger wie Manna-Spezial. Man streut davon 60–100 g/qm gleichmäßig aus. Diese Dünger regen das notwendige Bakterienleben des Bodens an. Je nach Art und Größe der Pflanze (bei Gehölzen) gibt man ein bis zwei Handvoll davon ins Pflanzloch und vermischt sorgfältig mit Erde. Direkt an die Wurzeln sollte man die Düngemittel nicht bringen.

Bodenverbessernde Mittel

Torf ist das geeignetste, aber auch teuerste Mittel, um den Säuregrad des Bodens zu beeinflussen und um optimale Wachstumsbedingungen für kalkfliehende Heidepflanzen herzustellen. Der Torf aus den nordwestdeutschen Hochmooren besteht vorwiegend aus Weißmoosresten (*Sphagnum*); wegen seiner hellen Färbung auch als Weißtorf bezeichnet. Seine Struktur ist unterschiedlich. Vor Gebrauch feuchtet man ihn stets ausgiebig an. Sein Nährstoffgehalt ist äußerst gering, der pH-Wert liegt zwischen 3,5 und 4,7. Der in süddeutschen Mooren gewonnene Torf stammt aus Niedermooren. Seine Zusammensetzung ist unterschiedlich: grobfaserig bis moorerdeähnlich. Wegen seiner dunklen Färbung bezeichnet man ihn als Schwarztorf. Er ist in der Regel feucht und nimmt in stark ausgetrocknetem Zustand nur sehr schwer Wasser an. Der pH-Wert des Schwarztorfes schwankt zwischen 5,5 und 7,0. Er ist nährstoffreicher und kann bis zu 4% Kalk enthalten; dann allerdings ist er für säureliebende Heidepflanzen nicht mehr verwendbar. Schwarztorf aus den obersten Moorschichten ist stark sauer (pH 3,5) und deshalb zu bevorzugen. Auch in den norddeutschen Mooren gewinnt man Schwarztorf. Beide Torfarten lassen sich auch gemischt verwenden. Der Handel bietet noch andere geeignete Torfprodukte an z. B. Rhodohum. Ein Zusatz von Sand lockert schwere, bindige Böden und macht sie durchlässiger. Stark humose Böden lassen sich mit Sand „vermagern".

Am besten eignet sich grobkörniger (0,5–2,0 mm ∅), gewaschener Flußsand. Der Grubensand (ausgegrabener Sand) enthält oft einen kalkhaltigen Feinerdeanteil, den man durch umständliches Auswaschen entfernen muß. Außer Sand eignet sich auch feiner Flußkiesel (Quarz) zur Bodenlockerung und zum Herrichten besonderer Pflanzstellen, ebenso zerkleinertes Nadelholzreisig (kleingehackte Zweige von Fichten und Kiefern) oder nur Koniferennadeln, die überdies für eine Ansäuerung des Heidebodens sorgen. Dieses pflanzliche Material bringt man am besten schon etwas angerottet in den Boden (auf 10 qm ca. eine große Schubkarre). Man muß es daher schon einige Zeit vor der Verwendung aufsetzen.

Die Anlage des Heidegartens

Bodengestaltung

Wenn auch ein ebenes Gelände der Anlage eines Heidegartens am meisten entspricht, so bringt in größeren Gärten eine bewegte Oberfläche doch mehr Abwechslung. Wir modellieren flache Kuppen und Mulden heraus (Bild 8), allerdings ohne zu übertreiben, doch so, daß sie im Verhältnis zur Gesamtgröße der Anlage passen. Zu kleine Wellen verschwinden leicht durch die Bepflanzung und kommen dann gar nicht zur Geltung.

Bild 8. So abwechslungsreich gestaltet man die Bodenoberfläche eines Heidegartens.

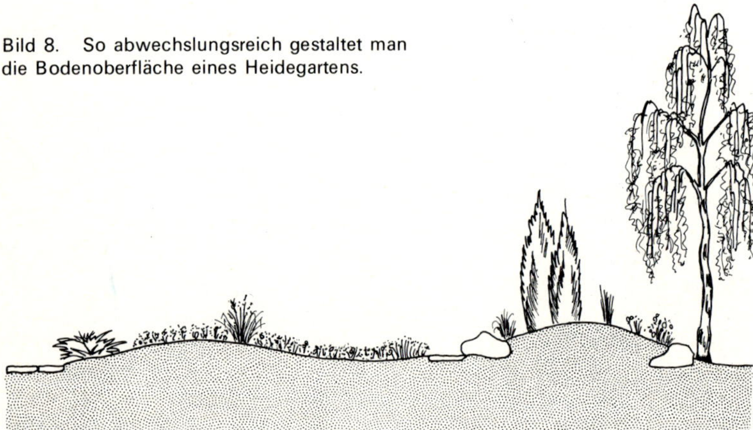

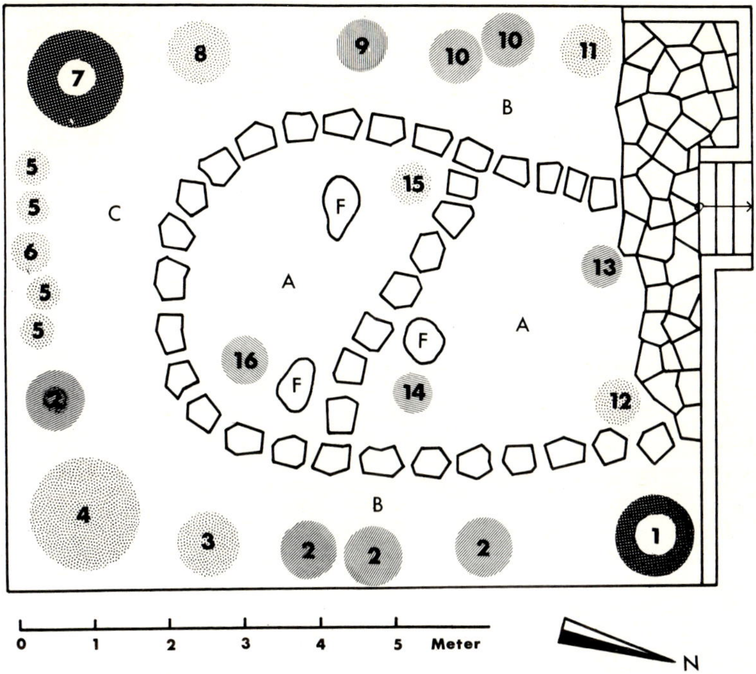

Bild 9. Gemischter Heidegarten eines Reihenhauses. **1** *Pinus sylvestris* 'Watereri', **2** *Pinus mugo* var. *mughus,* **3** *Cytisus x praecox,* **4** *Betula verrucosa* 'Youngii', **5** *Potentilla fruticosa* 'Goldfinger' **6** *Caryopteris incana,* 'Haevenly Blue', **7** *Pinus parviflora,* **8** Strauchrose 'Feuerwerk', **9** *Juniperus communis* 'Hibernica', **10** *Pinus mugo* var. *pumilio,* **11** *Berberis wilsonae,* **12** *Betula nana,* **13** *Picea abies* 'Pygmea', **14** *Juniperus communis* 'Compressa' **15** *Cytisus kewensis,* **16** *Picea glauca* 'Echiniformis', **F** Findlinge, **A** Kalkfreier Bereich (*Calluna,* kalkfliehende *Erica*-Arten, *Bruckenthalia* und Begleitpflanzen), **B** Pflanzflächen für kalkverträgliche Heidekräuter (*Erica carnea, Erica X darleyensis* und Begleitpflanzen) **C** Steppenheidepflanzen.

Wege

Wege braucht man auch im kleinsten Garten. Im naturnahen Heidegarten vermeiden wir gerade Linienführung und leiten den Weg in sanften Windungen durch das Gelände (Bild 9). Bei aller Ästhetik muß die Zweckmäßigkeit immer gewahrt bleiben. Im regelmäßigen Heidegarten verlaufen die Wege geradlinig, oft entsprechend den baulichen Gegebenheiten (siehe Bild 3). Im Heidebeet und in kleinen Gärten genügen schon einige Trittplatten zwischen den Pflanzen. Will man aber ein größeres Gelände erschließen, bieten uns Platten, in Schrittweite verlegt, eine

Bild 10. Trittplatten in Schrittweite verlegt, ermöglichen ein gutes Begehen des Heidegartens.

gute Begehungsmöglichkeit (Bild 10). Dicht hintereinander bilden sie einen Plattenweg unterschiedlicher Breite. Auch ohne Steinplatten lassen sich Wege anlegen. Trampelpfade aus Kies und Sand sind vor allem in großen Heidegärten angebracht als verbindende Nebenwege zwischen den Hauptwegen. Ist genug Platz vorhanden, läßt sich der Hauptweg zu einem Sitzplatz erweitern. Doch stets sollte man die Wege in Zahl und Breite auf das notwendigste Maß beschränken, um den Charakter der Heidelandschaft zu wahren.

Materialien für die Weganlage: Trittplatten aus Naturgestein (Sandstein, Granit, Travertin, Plattenkalkstein) in unregelmäßiger (polygonaler) Form, die Mindestgröße sollte 40 × 40 cm, die Stärke 6–8 cm betragen. Für die *Calluna*-Heide verwendet man nur kalkfreies Gestein (Sandstein, Granit). Für regelmäßige Anlagen nimmt man Platten aus einfachem Beton oder Waschbeton in rechteckiger oder quadratischer Form der handelsüblichen Größen. Alle Trittplatten verlegt man auf eine wenige cm starke Schicht aus Sand oder feinem Kies. Auch Ziegel (Backsteine, Klinker), größere Flußkiesel und Sand eignen sich als Wegbelag. Höhenunterschiede gleichen wir durch Steinstufen aus. Meist genügen schon einzelne flache Stufen aus Naturstein, die zugleich den Weg auflockern.

Steine im Heidegarten

In der norddeutschen Heidelandschaft findet man häufig Findlinge aus Granit, sogenannte erratische Blöcke, die von den nordischen Gletschern hierher verfrachtet worden sind. Große Solitärsteine bilden auch im Heidegarten ein sehr wertvolles Gestaltungselement, doch braucht es hier nicht unbedingt Granit oder Gneis zu sein, kalkarmer Sandstein geht auch, wenigstens für die bodensaure *Calluna*-Heide. Für die Steppenheide kommt außerdem Kalkstein in Frage.

Wegen der Einheitlichkeit beschränkt man sich im Heidegarten auf nur eine Gesteinsart. Solche „Findlinge" muß man als besonders markante Punkte mit Bedacht ins Blickfeld rücken. An einer Hanglage, einer Wegschlinge oder mitten in einem Teppich von Bodendeckern kommen sie besonders schön zur Geltung. Auch in der Umgebung von Zwerggehölzen geben sie ein reizvolles Bild. Interessant wirkt ein

Bild 11. Findlinge kommen in natürlicher (flacher) Lage am besten zur Geltung.

größerer Solitärstein in einer Gruppe kleinerer Gesteinsbrocken, wenn man nur den Eindruck eines Steingartens vermeidet. Im reinen Steppenheidegarten kann man dagegen mehr Steine verwenden (Felsheide). Man bringt die Steine in eine möglichst natürliche Lage und legt sie nach dem Vorbild der Natur und den Regeln der Landschaftsgärtner auf die breiteste (faule) Seite. Steil aufragend besitzen sie wenig Standfestigkeit, sind gefährlich, wirken gestellt und stören das harmonische Gefüge der Heidelandschaft (Bild 11).

Holz im Heidegarten

Mit Holz ist hier das Material in unbearbeiteter Form gemeint: Stammhölzer und dicke Äste, krumm und gebogen, nicht entrindet. Man verwendet sie für Wegeinfassungen, in Hanglagen zur Sicherung der Pflanzstellen gegen Abschwemmung oder zum Ausgleich von Geländeneigungen. Erforderliche Haltepfähle nagelt man auf die Rückseite der Hölzer, wo sie nicht auffallen (siehe Bild 6).
Als Holzarten eignen sich gut Eiche und Robinie, beide sehr haltbar, oder Stücke von alten gerodeten Obstbäumen. Kiefer und Birke, die naturgemäß am ehesten in das Heidebild passen, kann man zwar auch nehmen, doch vermorschen sie bald.
In einem genügend großen Heidegarten macht sich eine Sitzbank recht gut. Dazu eignen sich halbierte, dicke Baumstämme, die auf einer Holzunterlage ruhen. Auch Stammstücke von 35–50 cm Durchmesser, ca. 50 cm hoch, leisten gute Dienste als Sitzgelegenheiten. Dazu braucht man aber harte Laubhölzer, denn Nadelholz scheidet Harz aus.

Die Bepflanzung des Heidegartens

Pflanzplan

Zunächst ist es ratsam, eine Skizze oder einen einfachen Pflanzplan zu entwerfen. Dazu markieren wir die vorgesehene Fläche im Garten durch Pfähle. Diese Abmessungen übertragen wir auf den Plan.
Gute Dienste leistet eine maßstabgerechte Zeichnung, weil man durch sie eine bessere Vorstellung bekommt und der Bedarf an Pflanzen und Material leichter zu überblicken ist. Zunächst zeichnet man die Wege ein und teilt die Fläche auf. Dabei berücksichtigt man auch gleich die Randbepflanzung, damit man sie gestalterisch und zweckmäßig in die Gesamtanlage einfügen kann. Auch andere markante Punkte wie

Solitärgehölze, Findlinge oder eine Bank legt man fest. Diese groben Anhaltspunkte überträgt man ins Freiland und kennzeichnet sie durch kleinere Pfähle. Damit nimmt unsere Pflanzung langsam Gestalt an, und wir können nun an Ort und Stelle korrigieren. Darauf folgt die Kleinarbeit: Man zeichnet die Umrisse der Flächen ein, die mit Heidekräutern und anderen Bodendeckern bepflanzt werden sollen, dazwischen den Platz für Kleingehölze, Stauden und Gräser.
Über der Planung darf man nicht vergessen, den in sich geschlossenen Heidegarten harmonisch in den Gesamtgarten einzufügen. Man vermeide jede Künstelei. Eine optische Vergrößerung der Anlage ergibt sich, wenn man die Heide an eine Rasenfläche grenzen läßt. Zu naturnahen (unregelmäßigen) Steingärten, Wasser- und Sumpfpflanzenbecken schafft man einen gleitenden Übergang. Aber auch beim bestens durchdachten Pflanzplan werden sich während der praktischen Ausführung der Arbeiten immer wieder notwendige Änderungen ergeben (Bild 1).

Pflanzenauswahl

Anhand des Pflanzplans läßt sich die Anzahl der benötigten Pflanzen leicht ermitteln. Uns interessiert aber nicht nur die Gesamtmenge und Stückzahl der einzelnen Pflanzenarten, sondern auch die richtige Auswahl, denn davon hängt das Gelingen einer jeden Pflanzung ab. Das Höhen- und Breitenwachstum der verschiedenen Pflanzen muß im Einklang stehen mit der Größe des Gartens. Dies betrifft auch die Randbepflanzung. Ohne Bedenken kann man im Randbereich, auch in nicht zu kleinen Anlagen manches hochwachsende Gehölz (Bäume) unterbringen. Denn langsam wachsende Arten erreichen ihre Maximalhöhen erst im Laufe vieler Jahre.
Laub- und Nadelhölzer haben recht unterschiedliche Wuchsformen. Den strengen, aufstrebenden Säulengestalten gesellt man als Gegenstücke gern die niederen und ganz flachen Formen zu. Auch die Laubfärbung spielt eine Rolle. Blaugraue Farbtöne passen gut in den Heidegarten. Am schönsten wirken die verschiedenen Grünschattierungen nebeneinander. Gelblaubige Pflanzen bringen zwar farbliche Abwechslung, wirken aber unruhig und unnatürlich, wenn sie zu reichlich vertreten sind. Von allen Heidekräutern, Stauden und Gräsern wählt man sich die aus, die der Größe des Heidegartens, aber auch der eigenen Geschmacksrichtung am ehesten entsprechen. Man vermeide aber jede Anhäufung von Pflanzen. Bodendecker und flächenhaft angelegte Pflanzungen mit wenigen Arten kommen besser zur Geltung und betonen den Heidecharakter mehr als ein buntes und ungegliedertes Durcheinander vieler verschiedener Pflanzenarten. Gerade bei den Bodendeckern, zu denen man auch die Heidekräuter rechnet, erzielt man die beste

Wirkung durch flächige Anpflanzung vieler Exemplare ein und derselben Art oder Sorte. In der nachfolgenden Tabelle geben die Zahlen nur Richtwerte, die man erfahrungsgemäß auch etwas über- oder unterschreiten darf.

Heidekräuter (*Calluna, Erica, Bruckenthalia* u. a.)

Die Pflanzabstände wählt man entsprechend den verschiedenen Wuchshöhen und -formen, doch gerade bei Heidekräutern niemals zu dicht.

Wuchshöhe bis	Pflanzabstand	Stückzahl/qm
20 cm	20–30 cm	ca. 10–15
30 cm	30–40 cm	ca. 5–10
50 cm	40–60 cm	ca. 3– 5

Stauden und Gräser

Bei den Bodendeckern und niedrigen Gräsern beträgt der Pflanzabstand je nach Wuchsstärke 20–30 cm (12–20 Stück/qm), bei halbhohen Stauden und Gräsern 30–50 cm und bei hohen Arten 50–80 cm. Bodendecker setzt man möglichst im aufgelockerten Dreiecksverband (Bild 12) in etwas unterschiedlichen Abständen.

Gehölze

Gehölze wie Koniferen, Rosen und Kleinsträucher kommen im Heidegarten am besten als Einzelpflanzen zur Geltung, Randgehölze wie Serbische Fichte, Bergkiefer, Birke dagegen mehr in Gruppen, sofern die Anlage groß genug ist. Die Pflanzabstände richten sich nach der Holzart. Die sehr gut hierher passenden, jedoch raschwüchsigen Birken bilden mit zunehmendem Alter ein umfangreiches Wurzelsystem aus und bringen durch ihren reichen Laubfall im Herbst andere Heidepflanzen in arge Bedrängnis. Für kleine Gärten sind sie daher weniger geeignet. Hier empfiehlt sich aber stattdessen recht gut die schwachwüchsige Form der Weißbirke *Betula verrucosa* 'Youngii'.

Die Pflanzenbeschaffung

Die Pflanzen für den Heidegarten bezieht man am besten aus Staudengärtnereien und Baumschulen. So manche Pflanze wird man auch von Bekannten erhalten in Gestalt der beliebten „Ableger". Auf keinen Fall aber sollte man Pflanzen in der freien Natur entnehmen. In Naturschutzgebieten ist ohnehin das Sammeln von Pflanzen aller Art untersagt!

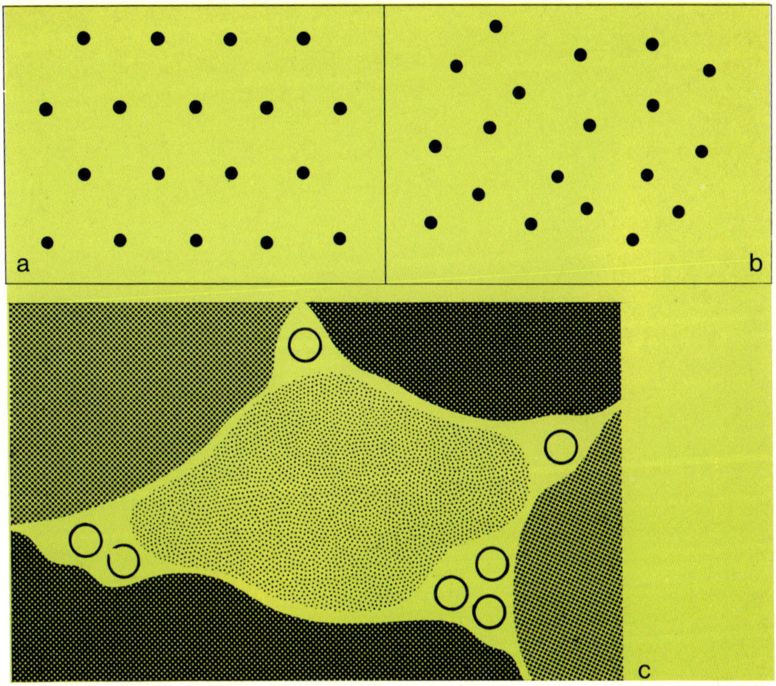

Bild 12. **a** Schnurgerade Reihen und allseits gleiche Pflanzabstände wirken unnatürlich. **b** Unregelmäßige Abstände lockern die Pflanzung von Bodendeckern und Heidekräutern auf. **c** Begleitpflanzen (Gräser, Stauden, Zwerggehölze) setzt man in der flächigen Heidepflanzung einzeln oder in kleinen Gruppen.

Auch in nicht geschützten Landschaften ist ein Ausgraben bedenklich: Wie wir wissen, ist eine ganze Anzahl von heimischen Pflanzen gesetzlich geschützt, und außerdem sind viele nicht geschützte Arten schon so selten geworden, daß sie unseres uneingeschränkten Schutzes bedürfen und eine Entnahme am Naturstandort nicht gerechtfertigt ist. Die Selbstanzucht mancher Heidegartenpflanzen ist auch möglich, doch sind die verschiedenen Vermehrungsmethoden nur dem versierten Gartenfreund vorbehalten.

Pflanzzeit

Je nach Boden- und Klimaverhältnissen wird man sich für eine Herbst- oder Frühjahrspflanzung entscheiden müssen. Pflanzt man im Herbst, dann sollten Heidekräuter, Koniferen und empfindliche Stauden bis Ende September im Boden sein, so daß sie noch vor dem Winter neue Wurzeln bilden können. Erfahrungsgemäß ist für viele Gehölze und Stauden (Bodendecker und Gräser) das Frühjahr die bessere Pflanzzeit, je nach Witterung schon ab Mitte März. Pflanzen, die in Töpfen und Containern gezogen sind, kann man im späten Frühjahr noch setzen.

Die Pflanzarbeiten

Dazu gehört auch die Behandlung der Pflanzen vom Einkauf bis zum Auspflanzen. Sie müssen, falls aus irgendeinem Grunde die Pflanzung nicht sofort ausgeführt wird, sehr gründlich versorgt werden. Eine solche Behandlung ist immer mit ausschlaggebend für den Anwachserfolg. Angewelkte und fast vertrocknete Pflanzen haben einen viel schwereren Start als solche, die in guter Verfassung in den Boden kommen. Pflanzen mit loser Wurzel, also ohne festen Erd- oder Topfballen, stellt man ins Wasser und schlägt sie alsbald in Erde oder feuchten Torf senkrecht ein. Ebenso behandelt man Topf- und Containerpflanzen. Gehölze mit eingebundenem Erdballen befeuchtet man erst im Einschlag. Ballenpflanzen aller Art kann man in feuchtem Zustand für wenige Tage schattig und windgeschützt (Keller, Garage) aufbewahren.
Beim Pflanzen geht man vor wie beim Entwurf des Pflanzplanes. Man

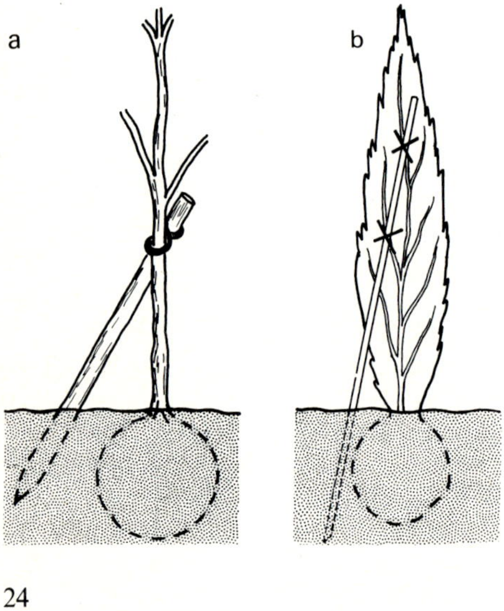

Bild 13. Das Anbinden von Ballenpflanzen. **a** Große Ballenpflanzen bindet man mit einer Achterschlinge an einen schräg in den Boden geschlagenen Pfahl. **b** Säulenförmige Gehölze wie Wacholder stützt man mit einem festen Stab; Bindestellen an den Haupttrieben sind mit einem Kreuz gekennzeichnet.

legt oder stellt zuerst die Solitärgehölze an ihren Platz, prüft kritisch Placierung und Abstände und pflanzt sie dann ein. Verknotete Ballengewebe sind dabei erst im Pflanzloch vorsichtig zu lösen (aufschneiden). Nun legt man in gleicher Weise die Kleingehölze (Ginster, Zwergkoniferen) und andere Einzelpflanzen (höhere Stauden und Gräser) aus und setzt sie. Zum Schluß kommen die für die Freiflächen vorgesehenen Heidekräuter, die Bodendecker, die niedrigen Stauden und Gräser an die Reihe.
Getopfte Pflanzen nimmt man erst unmittelbar vor dem Einpflanzen aus den Gefäßen. Alle Pflanzen ohne Ballen taucht man kurz vor dem Pflanzen in Wasser. Die Heidekräuter mit ihren feinen, empfindlichen Faserwurzeln darf man nicht zu lange Wind und Sonne aussetzen. Größere Gehölze stützt man durch einen passenden Baumpfahl, den man bei Ballenpflanzen schräg einschlagen muß, schmale, säulenförmige Koniferen (Säulenwacholder) mit einem dünneren Holz- oder Tonkinstab. Auch ihn steckt man leicht schräg zur Pflanze in den Boden, doch so, daß er durch Zweige verdeckt ist (Bild 13). Grundsätzlich sollte man die Pflanzen nicht wesentlich tiefer in den Boden setzen, als sie im Anzuchtbetrieb standen. Lediglich bei einer Herbstpflanzung darf man kleinere Pflanzen (Heidekräuter) etwas tiefer setzen, um ein Hochfrieren zu verhindern.

Die Pflege des Heidegartens

Gießen

Echte Heidepflanzen können, dank der besonderen Beschaffenheit ihrer oberirdischen Organe, Trockenzeiten ohne Schaden überstehen. Im Garten auf künstlich geschaffenen Standorten werden sie nicht ganz ohne das lebensnotwendige Naß auskommen. Die Struktur des Bodens ist hier meist anders als am natürlichen Wuchsort. Wassergaben sind in regenarmen Zeiten unerläßlich. Neuanlagen gießen wir sofort nach dem Auspflanzen, indem wir jede Pflanze einzeln mit Gießkanne oder Gartenschlauch (Gießgerät) einschlämmen. Dadurch entsteht eine gute Verbindung zwischen Wurzelballen und umgebender Erde. Ein durchdringendes Angießen ist bei Bedarf – wenn es längere Zeit nicht regnet – im Abstand von einigen Tagen zu wiederholen. Besser aber wässert man innerhalb einer Woche ein bis zweimal ausgiebig als täglich nur oberflächlich. Neben dem ausgiebigen Gießen kann jedoch dieses leichte Benetzen, besonders bei trockenem und windigem Frühjahrswetter, sehr

Bild 14. Am beginnenden Durchtrieb erkennt man, daß die Pflanzen angewachsen sind und gießt dann nur noch nach Bedarf.

nützlich sein, weil es die Verdunstung der noch nicht angewachsenen Pflanzen einschränkt und eine starke Austrocknung der Bodenoberfläche verhindert. Wenn die Heidepflanzen angewachsen sind – man erkennt das an dem guten Durchtrieb – gießen wir nur noch nach Bedarf (Bild 14). Ältere Pflanzungen kommen auch mit weniger Feuchtigkeit aus, doch sind auch sie für angemessene Wassergaben bei langen Trokkenzeiten dankbar. Auf die verschiedenen Begleitpflanzen, z. B. die Nadelgehölze, muß man Rücksicht nehmen und ihnen mehr Wasser geben. Für alle Heidepflanzen (besonders immergrüne) ist es aber von Wichtigkeit, daß sie bei trockenem Herbstwetter, vor Eintritt der strengeren Fröste, ausgiebig gewässert werden, um winterlichen Trockenschäden an den Pflanzen vorzubeugen. Auch der Härtegrad (Kalkgehalt) des Gießwassers spielt eine Rolle. Liegt er über 10 Grad Deutscher Härte, dann ist das Wasser zum Gießen sehr kalkempflindlicher Pflanzen (Heidekräuter) wenig geeignet. Für kleinere Anlagen reicht manchmal gesammeltes Regenwasser. Eine Kalkanreicherung durch zu hartes Gießwasser unterbindet man, indem man im Abstand von einigen Monaten immer wieder Torf zwischen den säureliebenden Pflanzen ausstreut.

Düngen

Auf ursprünglichen Standorten regelt sich die Nährstoffzufuhr auf natürliche Weise. Die sauren Rohhumusschichten der Sandheiden und die feinerdehaltigen Böden der Steppenheiden enthalten alle für die Heidepflanzen lebensnotwendigen Nährstoffe und Spurenelemente. Man könnte daher leicht glauben, die Heidepflanzen brauchten in der Gartenkultur keinerlei Düngung. Dem ist nicht so. Diese anspruchslosen Pflanzen wachsen hier auf künstlich geschaffenen Standorten und dabei nicht immer unter optimalen Bedingungen. Trotzdem erwarten wir von unserer Gartenheide alljährlich einen reichen Flor. Auf Naturstandorten ist er dagegen unterschiedlichen Schwankungen unterworfen. Eine mäßige Düngung ist deshalb im Heidegarten angebracht und vertretbar. Auch die Nährstoffansprüche der Begleitpflanzen und der Gartenformen müssen wir berücksichtigen.
Die Vorratsdüngung kam schon bei der Bodenvorbereitung zur Sprache. Später werden, wenn erforderlich, mäßige Nachdüngungen notwendig. Überdüngungen sind schädlich, denn sie vermindern bei unseren Heidepflanzen die Winterhärte und die Widerstandskraft gegen Krankheiten und Schädlinge. Dabei gilt als Faustregel: etwa ein Drittel bis die Hälfte der verabreichten Vorratsdüngung. Die organischen Dünger streut man im Nachwinter aus und hackt sie, wenn möglich, leicht ein, ebenso auch Mineraldünger. Die Anwendung der Mineraldünger im Heidegarten ist umstritten. Versuche in der Praxis haben jedoch ergeben, daß schwache Konzentrationen mineralischer Dünger nicht schädlich sind. Für bodensaure Heiden verwendet man nur physiologisch neutral bis sauer wirkende Volldünger wie Alkrisal, Poly-Crescal oder Poly-Fertisal. Man bringt sie am besten in wässriger Lösung aus, in 0,2%iger Lösung (2 g/l), pro qm rechnet man 10 l Düngerlösung. Dünger in fester Form wie Nitrophoska blau (20 g/qm), ist für alle Heidegärten geeignet. Wir düngen grundsätzlich nur bei feuchtem Boden, weil dann die Nährstoffe leichter eindringen. Anschließend (auch bei Flüssigdüngung) übergießen wir alle Pflanzen reichlich mit klarem Wasser, damit etwaige Düngerreste an den Pflanzen keine Verbrennungen hervorrufen.

Bodenlockerung und Jäten

Das Hacken des Bodens, wie wir es von anderen Gartenbereichen her kennen, ist im Heidegarten unangebracht. Der lockere Boden, besonders der *Calluna*-Heide, verdichtet sich auf Grund seiner Struktur nicht so leicht wie schwere, lehmige Erde. Nach dem Gießen oder nach starkem Regen wird es bei Neupflanzungen jedoch erforderlich sein, die verschlämmte Bodenoberschicht aufzulockern. Dazu bedienen wir uns eines

Bild 15. Den Boden zwischen den Heidepflanzen darf man nur sehr flachgründig lockern. Am besten eignen sich dazu leichte, handliche Geräte wie schmale Bügel- oder Ziehhacken.

leichten, handlichen Gerätes (Zieh- oder Bügelhacke, leichter Kultivator). Eine seichte Lockerung verringert die Verdunstung der Bodenfeuchtigkeit und beugt gleichzeitig dem Aufkommen von Unkräutern vor. Solange die bodendeckenden Pflanzen noch nicht flächig zusammengewachsen sind, bearbeiten wir den Boden in dieser leichten Art nach Bedarf. Auf keinen Fall sollte man dabei zu tief hacken, um die dicht unter der Bodenoberfläche befindlichen Faserwurzeln der Heidepflanzen (*Calluna*) nicht zu beschädigen (Bild 15). In älteren, gut bestockten und dichten Pflanzenbeständen erübrigt sich ein Hacken und Lockern. Die meisten unserer Heidepflanzen sind ausgesprochene Wildpflanzen, die ein möglichst ungestörtes Wachstum verlangen.

In den gut vorbereiteten Flächen des Heidegartens fühlen sich auch viele ein- und mehrjährige Unkräuter sehr wohl, obwohl sich im reinen Torf-Sand-Gemisch bei weitem nicht alle bekannten Unkrautarten einstellen. Trotzdem sollten wir wachsam sein. Ausdauernden Unkräutern, die sich in den dichten Heidekrautbüschen festgesetzt haben, ist nur sehr schwer beizukommen. Ebenso ist es fast unmöglich, stark verunkrautete Bodendecker wieder sauber zu bekommen. Vorbeugende Maßnahmen sind daher wichtig und für später vor allem arbeitssparend. Hierher gehört das Auslesen der gefürchteten Wurzelunkräuter schon bei der ersten Bodenbearbeitung. Aus feuchten, schweren Bodenschichten des Untergrundes oder aus dem Randbereich können tiefwurzelnde Unkrautpflanzen eindringen u.a. Huflattich, Winden, Giersch und Schachtelhalm. So mancher Gartenfreund, der nur ungern Unkraut „zupft“, wird jetzt daran denken, mit chemischen Mitteln vorzugehen. Die in der Gegenwart viel praktizierte chemische Unkrautbekämpfung (Herbizidanwendung), sollte man aus verschiedenen Gründen im Heidegarten nicht anwenden.

Der Schnitt

Auch in einem naturnahen Garten, wie ihn unser Heidegarten darstellt, wird man nicht ganz auf den Einsatz der Gartenschere verzichten können. Vor allem die Heidekräuter (*Calluna* und *Erica*) bedürfen einer den Pflanzen angepaßten Schnittbehandlung. Die Heidegebiete (Lüneburger Heide) wurden früher intensiv mit Schafen beweidet, die durch Verbiß die Triebe der Besenheide einkürzten; dadurch verzweigten sich die Pflanzen, blieben niedriger und erneuerten sich durch junge Austriebe. Wird die Besenheide nicht geschnitten, so wächst sie zu lang und hoch, ihre Triebe verkahlen und die Blühwilligkeit läßt nach. Am natürlichen Standort ergänzen sich die Bestände immer wieder durch Selbstaussaat, und altersbedingte Ausfälle werden so ausgeglichen. Um der Überalterung unserer Heidekräuter im Garten vorzubeugen, nehmen wir deshalb jedes Jahr einen individuellen Rückschnitt vor, je nach Witterung von Mitte März bis Anfang April, bevor der neue Austrieb einsetzt. Wir benutzen dazu eine scharfe Gartenschere, bei flächigen Pflanzungen auch die Heckenschere (Bild 16).
Das Maß des Rückschnittes richtet sich ganz nach der Wuchsstärke der einzelnen Formen und Sorten. Bei den stark wachsenden Sorten der Besenheide kürzt man die Triebe etwa um die Hälfte oder ein Drittel, bei schwächer wachsenden weniger und bei dichten Zwergformen, z. B. 'Foxii Nana' gar nicht. Die Schnittflächen sollen nicht gleichmäßig hoch sein, manche Triebe läßt man etwas länger, so daß die Pflanzen ein natürliches Aussehen behalten. Der Rückschnitt darf nicht bis ins alte Holz reichen, weil sonst der gewünschte Durchtrieb ausbleibt (Bild 17). Wie die Besenheide behandeln wir auch die sommerblühenden Arten. Die schon im Nachwinter aufblühenden Schneeheide und Bruch-

Bild 16. Zum Rückschnitt von flächenhaften Heidekrautpflanzungen verwendet man eine scharfe Heckenschere. Die Schnittebene sollte möglichst unregelmäßig (wellig) verlaufen.

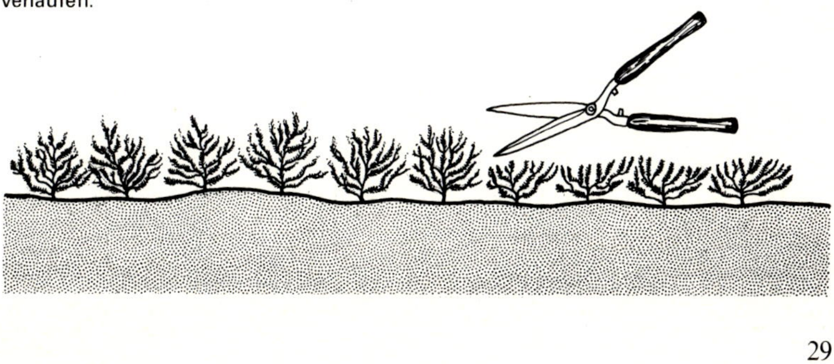

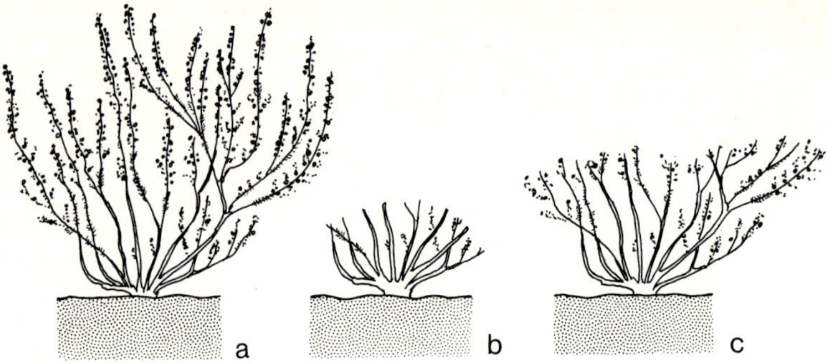

Bild 17. Rückschnitt bei Heidekräutern, die noch nicht zusammengewachsen sind, **a** ungeschnittene Pflanze, **b** zu starker Rückschnitt (bis ins alte Holz), **c** richtiger, etwas unregelmäßiger Schnitt.

heide schneidet man gleich nach dem Abblühen. Nicht geschnitten werden *Daboecia* (nur im Frühjahr die alten Blütenstände sowie die erfrorenen Triebe) und die *Vaccinium*-Arten.
Die anderen Gehölze des Heidegartens braucht man mit der Schere weniger zu bearbeiten. Meist sind es Kleinsträucher, die sich ohne Schnitt natürlich entwickeln. Nur ältere Exemplare sind unter Umständen auszulichten (Fingerstrauch, Berberitze). Bei anderen, die in kalten Wintern ganz oder teilweise zurückfrieren, müssen dann die abgestorbenen Triebe entfernt werden (Ginster, Bartblume, Blauraute). Die Wild- und Strauchrosen lichten wir im Nachwinter etwas aus und kürzen gleichzeitig die zu langen Triebe leicht ein. Nadelhölzer braucht man in der Regel nicht zu schneiden, es sei denn, man wolle eine überwüchsige Bergkiefer, einen breitwachsenden Wacholder oder irgendein Randgehölz in Schach halten. Bei strengen Säulenformen muß man seitlich herauswachsende Einzeltriebe entfernen.

Winterschutz

In unseren Breiten sind die Winter manchmal arm an Schnee und bringen durchdringende Kahlfröste mit sich. Auf Südhanglagen steigen an klaren Wintertagen bei Sonnenschein die Temperaturen über den Nullpunkt an. Die oberste Bodenschicht taut tagsüber auf und gefriert nachts wieder. Solche Temperaturwechsel sind vor allem für Neupflanzungen gefährlich: Die noch nicht festgewachsenen Pflanzen werden nach und nach angehoben und vertrocknen meist unbemerkt.

Ein individueller Winterschutz hat den Zweck, die Heidepflanzen in erster Linie vor den – sonst so nützlichen – Sonnenstrahlen zu schützen, weniger vor klirrender Kälte. Gute Dienste leisten uns dabei Fichten- und Tannenzweige als Deckreisig. Man legt sie locker über die gefährdeten Pflanzen oder steckt sie um größere Exemplare (Ginster, Blauähre) herum (Bild 18). Eine solche Abdeckung dient gleichzeitig als wirksamer Schutz gegen austrocknende Winde. In älteren Pflanzungen braucht man später nur noch empfindlichere Gewächse wie *Erica ciliaris, E. cinerea, E. vagans, E. x watsonii* und *Daboecia* schützen. Die Mehrzahl unserer Heidepflanzen ist ausgesprochen winterhart. Bei diesen Schutzmaßnahmen darf man aber nicht vergessen, daß alle Heidekräuter sehr licht- und luftbedürftig sind und eine dicke, lichtundurchlässige Reisigdecke nicht vertragen. Eine wenige Zentimeter starke Torfschicht – im Herbst zwischen die Pflanzen gestreut – ist ebenfalls wirksamer und nützlicher Schutz gegen winterliche Witterungseinflüsse. Auch manche Begleitgehölze der Heide sind für einen leichten Winterschutz dankbar. Rosen werden nur mit Erde angehäufelt; eine reine Torfschicht schadet ihnen auf die Dauer. Neu gepflanzte Stauden schützt man gegen das Hochfrieren mit einer Torfauflage (Bodendecker nur dünn überstreuen) und einigen Reisigzweigen. Die schützende Reisigdecke entfernt man im Frühjahr, etwa gegen Ende März, am besten an trüben Tagen. Vom Frost angehobene Pflanzen muß man sofort andrücken und angießen. Der natürlichste Winterschutz wäre eine genügend hohe Schneedecke. Nach starkem Schneefall schüttelt man die schwere Schneelast ehe sie

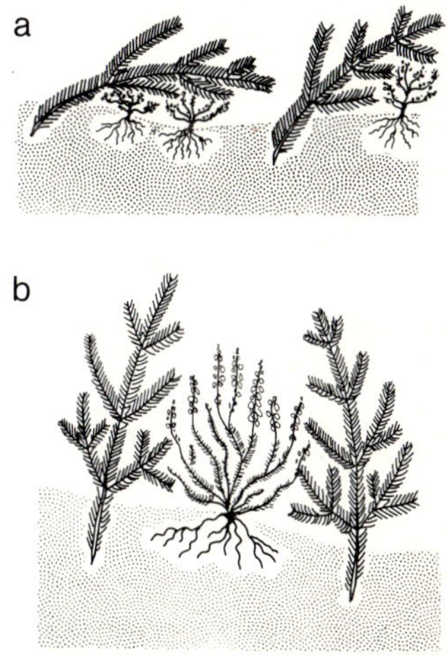

Bild 18. Winterschutz bei neu gepflanzten und empfindlichen Heidekräutern. **a** Kleine und in Gruppen stehende Pflanzen überdeckt man locker mit Reisigzweigen, besser steckt man die Zweige schräg in den Boden, damit sie nicht auf den Pflanzen liegen. **b** Größere Pflanzen schützt man mit senkrecht in den Boden gesteckten Nadelholzzweigen – vor allem auf der Sonnenseite.

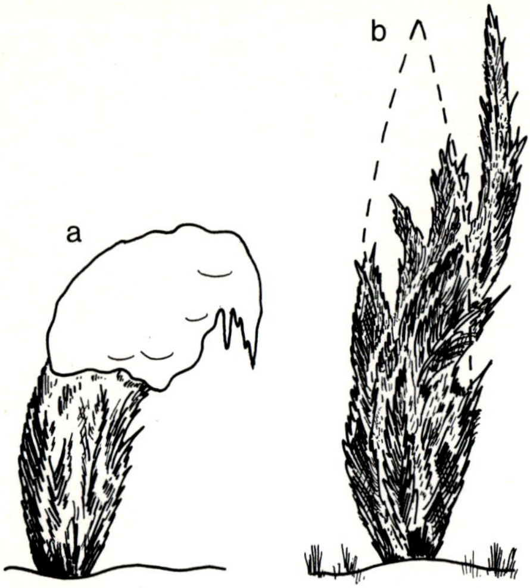

Bild 19. **a** Starke Schneeauflagen können den säulenförmigen Nadelgehölzen gefährlich werden (Bruchschäden, Formveränderungen), **b** Eine nicht abgeschüttelte Schneelast hat den Säulenwacholder auseinander gedrückt und deformiert.

anfriert vorsichtig von den Zweigen der aufrecht wachsenden Nadelbäume (Säulenformen!), um Bruchschäden oder Verformungen zu verhindern (Bild 19).

Erneuerung überalteter Pflanzungen

Im Laufe der Jahre können durch Überalterung und ungünstige Einflüsse selbst bei guten Standortverhältnissen immer wieder Ausfälle auftreten. In den Flächen der Bodendecker bilden sich Kahlstellen, horstbildende Gräser werden zu groß und faulen in niederschlagsreichen Jahren aus. Um solchen Mißständen vorzubeugen, müssen wir diese Gewächse rechtzeitig durch Teilung und neues Einpflanzen regenerieren. Die günstigste Zeit zum Teilen ist das Frühjahr für die Gräser wie auch für die höheren Stauden (Bild 20). Bodendecker kann man auch im Laufe des Frühsommers noch teilen. Bei den Heidekräutern kommen nur wenige der niedrigen Formen für eine erfolgreiche Teilung in Betracht (z. B. 'Foxii Nana', 'Pilosa'); man umfüttert sie schon ein Jahr vorher mit feuchtem Torf auf etwa halbe Höhe, damit an den angehäuften, älteren Trieben eine Wurzelbildung einsetzt. Im Frühjahr werden diese vorbehandelten Pflanzen vorsichtig geteilt und neu eingepflanzt. Heidekräuter, die durch eine natürliche Alterung im Trieb nachlassen und absterben, ersetzen wir durch junge Exemplare. Die zu üppig gewordenen Tuffe der Kleinblumenzwiebeln teilt man gleich nach der Blüte, noch bevor sie einziehen und pflanzt sie neu ein.

Schädlinge und Krankheiten

Unter optimalen Bedingungen werden sich die Heidepflanzen in unserem Garten wohl fühlen und uns durch ein gutes Gedeihen erfreuen. Trotzdem kann es vorkommen, daß witterungsbedingte Schädlinge und Krankheiten unseren Pflanzen zusetzen. Gegen tierische Schädlinge geht man im allgemeinen erst dann vor, wenn man sie sieht oder ihr Schadbild feststellt. Pilzkrankheiten dagegen bekämpft man durch vorbeugende Spritzungen.
Die Anwendung aller Pflanzenschutzmittel unterliegt besonderen und strengen Vorschriften. Viele davon sind stark giftig. Man sollte deshalb nur solche Mittel anwenden, die keiner Giftabteilung angehören und auch nicht bienengefährlich sind. Über ihre richtige Anwendung, besonders in Zweifelsfällen, geben die Pflanzenschutzämter Auskunft. In der folgenden Aufzählung sind die wichtigsten Schädlinge und Pflanzenkrankheiten im Heidegarten zusammengefaßt. Eine Beschreibung der Schadbilder ist hier nicht möglich.

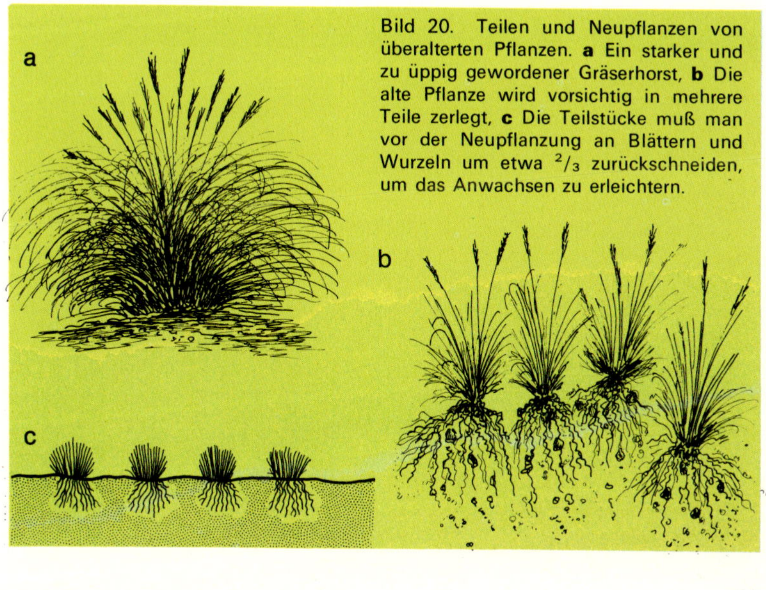

Bild 20. Teilen und Neupflanzen von überalterten Pflanzen. **a** Ein starker und zu üppig gewordener Gräserhorst, **b** Die alte Pflanze wird vorsichtig in mehrere Teile zerlegt, **c** Die Teilstücke muß man vor der Neupflanzung an Blättern und Wurzeln um etwa $^2/_3$ zurückschneiden, um das Anwachsen zu erleichtern.

Tierische Schädlinge (gegliedert nach den Wirtspflanzen).
Wacholder: Spinnmilben, Schild- und Blattläuse; *Fichten:* Gallen- und Fichtenröhrenläuse, Spinnmilben; *Kiefern:* Woll- und Blattläuse; *Calluna* und *Erica:* Blattkäfer, Dickmaulrüßler, Spinnmilben; *Rosen:* Rosenzikade, Rosentriebbohrer, Wicklerraupen, Blattläuse; *Stauden:* Blattläuse, Raupen, Spinnmilben; *Laubgehölze:* Blattläuse und -käfer, Raupen; *Blumenzwiebeln:* Blattläuse, Wurzelmilben.

Pilzkrankheiten (gegliedert nach den Befallspflanzen).
Wacholder: Zweigsterben, Rostpilze; *Kiefern:* Blasenrost, Kiefernschütte; *Calluna* und *Erica:* Blattfleckenkrankheiten, Welke, Grauschimmel; *Rosen:* Rost, Echter und Falscher Mehltau; *Stauden:* Rost, Mehltau, Wurzelfäule, Blattfleckenkrankheiten; *Laubgehölze:* Rost, Mehltau, Blattfleckenkrankheiten; *Blumenzwiebeln:* Grauschimmel, Fusarium-Fäule.

Physiologische Schäden
Die Heidekrautgewächse und andere kalkfliehende Pflanzen können auf kalkhaltigen Böden (zu hoher pH-Wert), ebenso bei langanhaltender Trockenheit oder Staunässe an Chlorose erkranken: Blätter und Jungtriebe vergilben. Ursache ist ein akuter Eisen- und Manganmangel. Durch eisenhaltige Präparate wie Fetrilon kann man den Schaden beheben. Anwendung: Als Gießmittel im Sommer ein- bis zweimaliges Angießen mit einer 1 bis 2%igen Lösung (100 g/10 l); benötigte Menge 2–3 l/qm. Danach mit reinem Wasser überbrausen. Vorbeugend gibt man auf kalkhaltigen Böden und bei reichlicher Torfbeimischung vor dem Auspflanzen 10–20 g/qm dieses Mittels und arbeitet es in den Boden ein.

Pflanzen für den Heidegarten

Die einzelnen Zusammenstellungen enthalten vorwiegend Pflanzen, die ihrer Herkunft und Abstammung nach als echte Heidepflanzen gelten, aber auch solche, die entsprechend dem Aussehen und den Wuchseigenschaften sehr gut als Begleitpflanzen in eine „Garten-Heide“ passen. Viele davon haben sich seit langer Zeit in der Gartenkultur bewährt, doch auch neuere Sorten sind vertreten, die eine Anpflanzung und weitere Verbreitung in den Gärten verdienen. Außer den erwähnten Arten gibt es freilich noch weitere, die man hier nicht alle nennen kann. Die „Kulturformen“ von Wildpflanzen bezeichnet man im allgemeinen als Sorten (z. B. bei den Rosen und Stauden); bei den Gehölzen spricht man von (Garten-) Formen, weil diese Bezeichnung den Wuchscharakter dieser Pflanzen besser kennzeichnet, z. B. Säulen-, Hänge- oder Zwergform. Die Sorten sind meist das Ergebnis gezielter Züchtung (Kreuzung), die Formen hingegen entstanden durch spontane Veränderungen (Mutationen) in freier Natur oder in Kulturen. Ihre Namen stehen in halben Anführungszeichen, z. B. 'Nana', 'Sternkugel'. Die stichwortartige Beschreibung der einzelnen Pflanzen teilt charakteristische Eigenschaften mit. Die Farbangaben bei Heidekräutern, Laubhölzern, Rosen, Stauden und Zwiebelpflanzen beziehen sich auf die Blüten, bei manchen Nadelgehölzen auf das Aussehen der Nadeln. Die Monatsnamen, z. B. Juni–August, geben die Blütezeit der Pflanzen an. Der Gartenfreund, der sich für ausführlichere Beschreibungen der erwähnten Pflanzen interessiert, sei auf weiterführende Literatur und auf die Kataloge vieler Baumschulen und Staudengärtnereien verwiesen. Der Übersicht halber sind in den einzelnen Kategorien die Pflanzen nach Höhengruppen zusammengefaßt. Die Größenangabe (in cm und m) bezieht sich bei Stauden, Gräsern und Zwiebelpflanzen auf die Höhe der Blütenstände, bei Gehölzen auf die durchschnittliche Höhe, die sie unter optimalen Bedingungen, oft erst nach Jahren erreichen können.

Die Heidekräuter

Die sogenannten Heidekräuter sind Charakterpflanzen der natürlichen Heideformationen. Eigentlich sind es gar keine Kräuter, sondern niedrige, immergrüne Zwergsträucher. In der Botanik teilt man sie in zwei Gattungen: *Calluna* (Heidekraut) und *Erica* (Glockenheide). Beide gehören zur Familie der Heidekrautgewächse (Ericaceae). Von der ersten Gattung gibt es nur eine Art, das Heidekraut *Calluna vulgaris,* auch als Besen- oder Herbstheide bekannt. Es kommt vom Flachland bis in höhere Bergregionen vor. Sein Verbreitungsgebiet erstreckt sich von Westeuropa bis Kleinasien.
Von der Gattung *Erica* dagegen gibt es etwa 600 Arten, die aber vorwiegend in Südafrika beheimatet sind. In unseren Breiten sind sie fürs Freiland nicht geeignet, man muß sie im Gewächshaus halten. Nur wenige winterharte *Erica*-Arten gibt es in West- und Nordeuropa, und davon kommen für den Heidegarten in Betracht die Grauheide (*Erica cinerea*), die Glocken- oder Moorheide (*Erica tetralix*) (Bild 21), die Sommer- oder Ährenheide (*Erica vagans*), die Bruchheide (*Erica x darleyensis,* Synonym *E. purpurascens*) sowie die Schnee- oder Frühlingsheide (*Erica carnea*), ursprünglich eine Gebirgspflanze, seit langem aber schon im Garten kultiviert und wegen der frühen Blütezeit und ihrem Habitus in Heidegärten „eingebürgert“. Zu erwähnen sind noch die Wimperheide (*Erica ciliaris*) und *Erica x watsonii* (Naturhybride zwischen *Erica ciliaris* und *E. tetralix*).

Bild 21. Die Glokken- oder Moorheide (*Erica tetralix*) ist eine der wenigen winterharten *Erica*-Arten.

Diese Pflanzen benötigen für eine erfolgreiche Gartenkultur einen völlig kalkfreien, humusreichen und durchlässigen Boden. Eine Ausnahme machen Schnee- und Bruchheide. Beide sind kalkverträglich und gedeihen in nicht zu schwerem Gartenboden, den man mit Torfmull anreichert. Alle Heidekräuter sind sehr lichtliebend und vertragen auf die Dauer keine starke Beschattung. Durch die jahreszeitlich sehr unterschiedlichen Blütezeiten unserer Heidekräuter und ihre zahlreichen Gartenformen (Sorten), kann man den Flor der Heide fast über das ganze Jahr ausdehnen. Schon im Winter zeigt die Schneeheide ihre Blüten und bringt Farbe in den kahlen Garten. Dann folgt die Bruchheide, und das Blühen dieser Frühaufsteher dauert bis in den Mai hinein. Etwas später kommen die sommerblühenden Arten wie Grau-, Moor- und Ährenheide, gefolgt von den frühblühenden Sorten der Besenheide, die eigentlich für den Spätsommer und den Frühherbst typisch sind; manche dieser Sorten blühen sogar bis Ende Oktober und noch länger.

Für den Laien ist es nicht immer leicht, diese beiden sich sehr ähnlichen Pflanzengattungen auseinanderzuhalten. Als wichtigste Unterscheidungsmerkmale wären zu nennen:

Calluna: Gegenständige, kleine und schuppenförmige Blätter, die den Trieben vierzeilig-dachziegelartig dicht anliegen. Die Blütenkrone ist tief vierteilig gespalten und von einem ebenfalls vierteiligen Kelch überragt. Die Einzelblüten stehen in langen, meist einseitswendigen Trauben.

Erica: Nadelförmige, spitze, dicht quirlig angeordnete Blätter. Die Blütenkrone ist krug- oder glockenförmig und vorne mehr oder weniger eingekerbt. Die Kelchblätter sind vierteilig und viel kürzer als die Blütenkrone. Die Einzelblüten stehen in endständigen, lockeren oder dichten Trauben.

Calluna vulgaris Besenheide, Heidekraut: Blüten rosalila, Juni–September, gute Bienenweide, Blätter klein, dunkelgrün, bis 50 cm hoch. Die Wildart kommt nur für großflächige Pflanzungen in Frage. Für den Heidegarten eignen sich besser die zahlreichen Sorten (Gartenformen). Etwa 200 Arten davon gibt es vor allem in Holland und England. Nicht wenige dieser „Züchtungen" hat man als Varietäten und Mutationen wildwachsend in der freien Natur entdeckt; andere wieder fanden sich als Zufallssämlinge in den Kulturen. Alle hat man vegetativ weitervermehrt und als „Sorten" in den Handel gebracht. Die meisten sind im atlantischen Klimabereich beheimatet und eignen sich daher zum Teil nicht für das rauhere Binnenland. Das trifft auch für manche der gelblaubigen Sorten zu. Wahrscheinlich ist das mit ein Grund, weshalb manche neuere Sorte aus England oder Holland nicht im Angebot deutscher Baumschulen zu finden ist. Allerdings erprobt man in Norddeutschland augenblicklich viele Neuheiten, und von hier aus werden sicher manche weitere Verbreitung erfahren. Die wichtigsten davon sind: 'Elsie Purnell', 'Schurigs Sensation', 'David Eason', 'Cramond', 'Peter Sparkes', 'Beoley Crimson', 'Christina', 'Mrs. Ronald Grey', 'Joy Vanstone', 'Golden Glory', 'Silver Queen', 'E. F. Brown', 'Elegant Pearl', 'Mousehole'. In der folgenden Auswahl sind nur bewährte und im Handel erhältliche Sorten genannt, die der Anfänger unter den „Heidegärtnern" bedenkenlos anpflanzen kann. Sie unterscheiden sich in Wuchsform, Laubfärbung, Blütenfarbe und Blühdauer beträchtlich, manchmal weichen sie sehr stark vom Typus ab:
Wuchshöhe bis 15 cm: 'Alba Rigida', weiß, Juli–September, Laub dunkelgrün, breitwachsend; 'Decumbens', violett-rosa, August–September, flachwachsend; 'Foxii Nana', hellviolett, armblütig, Laub frischgrün, winters broncefarbig, kissenartiger Wuchs; 'Pilosa', violett, Juli–August, niedrig und dicht; 'Roma', dunkelrosa, August–September, dichtwachsend; 'Sister Anne', violettrosa, August–September, Laub grau, winters rötlich, Wuchs teppichartig.
Wuchshöhe 15 bis 30 cm: 'Alba Plena', reinweiß, gefüllt, August–September, breitwachsend; 'County Wicklow', reinrosa, gefüllt, August–September, Wuchs gedrungen; 'J. H. Hamilton', lachsrosa, gefüllt, August–September, breit und gedrungen wachsend (Bild 22); 'Mullion', violettrosa, August–September, dicht rasenartig wachsend; 'Tenuis', dunkelviolett, Juni–August, Laub dunkelgrün, breitwachsend.

Wuchshöhe 30 bis 50 cm: 'Alba Searlei', reinweiß, September–Oktober, Wuchs aufrecht; 'Alportii Praecox', rotviolett, August–September, aufrechtwachsend; 'H. E. Beale', rosa gefüllt, August–Oktober, buschig und aufrecht. Wuchshöhe über 50 cm: 'Alportii', rötlich-lila, August–September, starkwachsend; 'C. W. Nix', lila, August–September, aufrecht. **Gelblaubige Calluna-Sorten:** 'Aurea', hellviolett, Juli–September, Laub beständig goldgelb, 30 cm; 'Cuprea', violett, August–September, Laub gelbgrün, winters rotbraun, 45 cm; 'Gold Haze', weiß, Laub beständig gelb, August–September, Wuchs aufrecht, 40 cm; 'Multicolor', hellviolett, Juli–September, Laub broncefarben-grüngelb, winters rot, 20 cm; 'Spitfire', rosa, August–September, Laub hellgelb, 30 cm.

Erica carnea Schneeheide, fleischrosa, Dezember–April, Laub dunkelgrün, nadelartig, dichtwachsend, bis 30 cm. Einige bewährte Sorten mit **Wuchshöhe 15 bis 25 cm:** 'James Backhouse', hellrosa, März–April, Laub hellgrün; 'Ruby Glow', purpurrosa, Februar–April, Laub braungrün; 'Rubra', rot, Januar–April, niedriger Wuchs; 'Springwood' (Bild 23), reinweiß, Januar–April, starkwachsend; 'Springwood Pink', hellrosa, Februar–April, breitwachsend; 'Vivellii', dunkelkarmin, Januar–April, Laub bräunlich, niedrig; 'Winter Beauty', tiefrosa, Dezember–März.

Bild 22. Eine interessante *Calluna*-Sorte: 'J. H. Hamilton'.

Bild 23. *Erica carnea* 'Springwood', eine stark wachsende Sorte.

Erica cinerea Grauheide, die Wildart ist wenig in Kultur. Die aufgeführten Sorten brauchen in rauhen Lagen Winterschutz.
Wuchshöhe 20 bis 30 cm: 'Atropurpurea', dunkelrot, Juni–September, Laub dunkelgrün; 'C. G. Best', karminrosa, August–September, Laub graugrün; 'Splendens', rosarot, Juni–September; 'Alba', weiß, August–September. Neue Sorten: 'Mahogany', 'Katinka'.

Erica ciliaris 'Maweana' und *Erica x watsonii* 'Dawn' sind ebenfalls empfehlenswerte neue Sorten (frostempfindlich).

Erica x darleyensis (= *E. purpurascens*) Bruchheide, sehr ähnlich der Schneeheide, aber in allen Teilen größer. Sorten: 'Erecta', dunkelrosa, März–Mai, aufrechtwachsend bis 50 cm; 'Silberschmelze', silbrigweiß, März–Mai, breiter Wuchs, 30 cm.

Erica tetralix Moor- oder Glockenheide, hellrosa, Juni–September, Laub graugrün, behaart, bis 30 cm, liebt feuchteren Standort. Sorten: 'Alba', weiß und 'Con Underwood', karminrot.

Erica vagans Ähren- oder Sommerheide, die Wildform ist nicht in Kultur. Sorten: 'Lyonesse' (Bild 24), weiß, Juli–September, Laub hellgrün, Wuchs breit; 'Mrs. D. F. Maxwell', lachsrot, August–Oktober, gedrungen wachsend; 'St. Keverne', rosa, August–September, Laub hellgrün, alle 30–35 cm.

Zu den Heidekräutern im weiteren Sinn zählen noch einige andere Pflanzen ebenfalls aus der Familie der Heidekrautgewächse. Sie eignen sich gut für die Anpflanzung im Heidegarten und verlangen auch einen kalkfreien, humosen Boden: *Bruckenthalia spiculifolia,* Siebenbürgische Heide, hellrosa, Juni–August, Laub nadelförmig, immergrün, 20 cm.

Daboecia cantabrica Irische Heide, purpurne, krugförmige Blüten (Bild 25), Juli–Oktober, Laub dunkelgrün, dichtwachsend, 30 cm. Sorten: 'Alba', weiß und 'Praegerae', rosarot, leichter Winterschutz. *Vaccinium corymbosum*-Hybriden, es handelt sich hier um großfrüchtige Kultursorten der amerikanischen Heidelbeere, die auch unter der Bezeichnung „Gartenheidelbeere" im Handel sind, weiß-rosa, Mai, Laub sommergrün, blaue, kugelige Früchte, bis 15 mm dick, buschiger aufrechter Wuchs, bis 1,5 m; *Vaccinium macrocarpon* Großfrüchtige Moosbeere, rosa, Juni–August, Laub klein, immergrün, Früchte rot, kriechender Wuchs, für etwas feuchte Lagen; *Vaccinium vitis-idaea* Preiselbeere, weiß-rosa, Juni–Juli, Laub derb, immergrün, Früchte rot, bis 30 cm, liebt halbschattigen Standort.

Bild 24. Eine besonders aparte Sorte der Ähren- oder Sommerheide: *Erica vagans* 'Lyonesse'.

Bild 25. Die Irische Heide (*Daboecia cantabrica*) fällt auf durch ihre purpurnen, krugförmigen Blüten.

Nadelgehölze

Im Heidegarten bevorzugen wir vor allem Kiefern und Wacholderbüsche, weil sie auch in der natürlichen Heidelandschaft vorkommen. Außer den heimischen Arten und ihren Gartenformen lassen sich hier auch einige fremdländische Vertreter dieser Gattung verwenden. Besonders arten- und formenreich sind die Wacholder. Den Gemeinen Wacholder, in Heidegebieten oft bestandsbildend, findet man in kleineren Heidegärten kaum. In der freien Natur zeigt er sehr verschiedene Wuchsformen, von denen man manche schon seit langem kultiviert hat. Außerdem kommen noch Fichten und einige Tannenarten in Betracht, meist in langsam wachsenden Zwergformen. Andere im Garten sonst sehr beliebte Nadelholzarten wie Lebensbaum (*Thuja*) und Scheinzypresse (*Chamaecyparis*) werden hier nicht berücksichtigt, weil sie sich nach dem Erscheinungsbild und der Herkunft nicht oder nur bedingt in eine Heidegemeinschaft eingliedern lassen. Eibe (*Taxus*) und Hemlockstanne (*Tsuga*) dagegen machen sich gelegentlich recht gut als Randbepflanzung.

Kriechende und sehr breitwachsende Arten und Formen mit dichtverzweigtem Wuchs, 40 cm hoch. *Juniperus* Wacholder: *J. communis* 'Hornibrookii', bis 2 m breit, *J. communis* 'Repanda', bis 1,5 m breit, *J. horizontalis* Kriechwacholder, Äste dem Boden dicht aufliegend. Formen: 'Douglasii', stahlblau, 'Plumosa', grau-grün. *Microbiota decussata,* eine interessante Pflanze, die erst in neuer Zeit in Sibirien entdeckt wurde und eine weitere Verbreitung in den Gärten verdient, noch wenig im Handel, an eine flachwachsende *Thuja* erinnernd, gelblichgrün, winters braun, bis 1,5 m breit.

Zwergformen haben einen ziemlich dichten, kompakten Wuchs und bilden meist keinen ausgeprägten Mitteltrieb, Wuchshöhe 0,5–1 m: *Juniperus* Wacholder: *J. communis* 'Compressa', spindelförmige Kleinstform eines Säulenwacholders, *J. communis* 'Echiniformis' unregelmäßige, bläuliche Kugelform, *J. communis* 'Nana Aurea', goldgelb, im Winter braun; *J. squamata* 'Blue Star', dichtkugelige Form des Blauzedernwacholders. *Picea* Fichte: *P. abies* 'Echiniformis' Igelfichte, kissenartig, *P. abies,* 'Maxwellii', hellgrün, flachkugelig, *P. abies* 'Nidiformis' Nestfichte, breitwachsend, *P. abies* 'Procumbens', sehr breit, *P. abies* 'Pumila Glauca', breitkegelförmig, bläulichgrün, *P. abies* 'Pygmea' Gnomenfichte, dicht, kugelig, *P. glauca* 'Echiniformis', dichtbuschig, blaugrün, *P. glauca* 'Laurin', sehr kleinbleibende Form der Zuckerhutfichte. *Pinus* Kiefer: *P. mugo* var. *pumilio* Zwergkiefer, breitwachsend.

Halbhohe Arten und Formen mit dichtem oder strauchartigem, lockerem Wuchs, 1–2 m hoch. *Abies* Tanne: *A. concolor* 'Compacta', strauchige Zwergform der Colorado- oder Grautanne, bläulich bereifte Nadeln. *Juniperus* Wacholder: *J. virginiana* 'Grey Owl', strauchig, blaugrau; *Picea* Fichte: *P. abies* 'Compacta' Kugelfichte, kegelförmig, und gedrungen wachsend, *P. abies* 'Ohlendorfii', Wuchs dicht kegelförmig, unregelmäßig, *P. glauca* 'Conica', die bekannte Zuckerhutfichte, hellgrün; *Pinus* Kiefer: *P. cembra* 'Compacta Glauca', Zwergform der Zirbelkiefer, dicht gedrungen wachsend, bläulich, *P. mugo* var. *mughus* Krummholzkiefer, breitwachsend, *P. pumila* Kriechkiefer, strauchig und breit wachsend, blaugrün.

Höhere Arten und Formen mit einer Wuchshöhe von 2–4 m. *Juniperus* Wacholder: *J. communis* 'Cracovica', kegelförmig und locker wachsend, *J. communis* 'Compacta', dichte, breite Säulenform, *J. communis* 'Hibernica' Irischer Säulenwacholder, bläulichgrün, *J. communis* 'Meyer', kegelförmig, silbriggrün, *J. communis* 'Oblonga Pendula', aufrechtwachsend mit hängenden Zweigen; *J. scopulorum* 'Blue Heaven', kegelförmig, blaugrün, *J. scopulorum* 'Springbank', locker und aufrechtwachsend, intensiv blau; *J. virginiana* 'Skyrocket', sehr schmale, dichte Säulen bildend, blaugrün. *Picea* Fichte: *P. abies* 'Acrocona', dekorative Form mit abstehenden Ästen und hängenden Zweigen, schon als junge Pflanze Zapfen tragend (Bild 26). *P. abies* 'Remontii' Kegelfichte, Wuchs regelmäßig und spitzkegelig; *P. omorika* 'Nana', niedrigbleibende Form der Serbischen Fichte, dicht kegelförmig. *Pinus* Kiefer: *P. aristata* Grannenkiefer, langsam wachsend, dunkelgrüne Nadeln mit weißen Harzbildungen, gilt als älteste Baumart der Erde; *P. densiflora* Japanische Rotkiefer, in den langsamwüchsigen Formen: 'Umbraculifera' und 'Pumila'; *P.*

Bild 26. Eine Form unserer heimischen Fichte (*Picea abies* 'Acrocona') bringt schon als junge Pflanze reichen Zapfenbehang.

sylvestris 'Watereri' (= *P. sylvestris* 'Pumila'), breit kegelförmig, blaugrün.

Hohe und baumartige Arten und Formen mit einer Wuchshöhe von 5–10 m. *Abies* Tanne: *A. koreana* Koreatanne, langsam wachsend, bildet schon als junge Pflanze reichlich Zapfen. *Pinus* Kiefer: *P. cembra* Zirbelkiefer, Arve, langsam und pyramidal wachsend, Nadeln dicht stehend; *P. leucodermis* Schlangenhaut- oder Bosnische Kiefer, breiter, dichter Wuchs, schwarzgrün, kalkliebend; *P. parviflora* Mädchenkiefer, Äste waagrecht abstehend, Nadeln gedreht, blaugrün; *P. sylvestris* 'Fastigiata', Säulenform der heimischen Kiefer.

Laubgehölze

In der natürlichen bodensauren Sandheide sind wie in der Steppenheide, Laubgehölze nur in wenigen, meist kleinblättrigen Arten vertreten. Auch im Heidegarten verzichten wir auf Bäume und Sträucher mit großen Blättern, weil sie viel Schatten geben und alljährlich im Herbst erhebliche Mengen Laub abwerfen – Eigenschaften, die den lichtliebenden und bodennahen Heidepflanzen auf die Dauer schaden. Im Heidegarten begnügt man sich freilich nicht mit den wenigen heimischen Arten und deren Formen, sondern verwendet aus gestalterischen Gründen noch andere geeignete Laubgehölze. Bei der Auswahl sind ihre Ansprüche an Boden und Licht zu berücksichtigen, auch sollte man wissen, wie sie sich entwickeln und ob sich ihr Erscheinungsbild harmonisch in das Heidemotiv eingliedern läßt. Rhododendron passen wegen der Boden- und Klimaverhältnisse nicht immer in den Heidegarten. Meistens verwendet man die laubabwerfenden Rhododendronarten (Azaleen) und einige der kleinblättrigen Wildarten. Die großblättrigen und schattenliebenden *Rhododendron*-Hybriden gehören nicht in die Heide. Die nachfolgend aufgeführten Gehölze gedeihen zufriedenstellend auf mäßig sauren wie auch mäßig kalkhaltigen Böden.

Niedrige, buschig oder flachwachsende Arten und Formen, bis 40 cm. *Berberis* Berberitze: *B. buxifolia* 'Nana', buschig, gelb, Mai, Laub immergrün; *B. thunbergii* 'Atropurpurea Nana', Zwergform der Blutberberitze, gelb, Mai, Laub purpurbraun, *B. thunbergii* 'Kobold', grünlaubige Zwergform, gelb, Mai; *Cotoneaster* Zwergmispel: *C. adpressus,* dichtwachsend mit bogigen Zweigen, rötlich, sommergrün, Früchte rot. Sehr ähnlich ist die Form 'Little Gem', aber niedriger und gedrungener; *Cytisus* Geißklee, Ginster: *C. decumbens,* flachwachsend, gelb, Mai-Juni; *Empetrum* Krähenbeere: *E. nigrum,* unscheinbare, rosa Blüten, April-Mai, Laub immergrün, heidekrautähnlich, Wuchs kriechend, kalkfliehend. *Genista* Ginster: *G. sagittalis* Flügelginster, kriechend, geflügelte Zweige, gelb, Juni-Juli; *Santolina* Heiligenkraut, *S. chamaecyparissus,* dichtbuschig, gelb, Juli-August, Laub silbergrau, fein zerteilt, aromatisch duftend; *S. virens,* ähnlich aber mit grünen Blättern.

Kleinsträucher mit einer Wuchshöhe von 0,5 bis 1 m. *Berberis* Berberitze, Sauerdorn: *B. x rubrostilla,* gelb, Juni, Frucht rot; *B. wilsoniae,* gelb, Mai-Juni, Laub graugrün, Frucht lachsrot. *Betula* Birke: *B. nana* Zwergbirke, breit wachsend, Laub sehr klein, kalkfliehend. *Caryopteris* Bartblume: *C. incana* 'Haevenly Blue', dunkelblau, August bis September, Laub graufilzig. *Cytisus* Geißklee, Ginster: *C. x kewensis* Zwergelfenbeinginster, dichtbuschig, gelb, Juni-Juli; *C. purpureus* Rosenginster, niedriger Wuchs, rosa, Mai-Juni. *Daphne* Seidelbast: *D. x burkwoodii* 'Somerset', aufrechtwachsend, hellrosa, duftend, Mai-Juni. *Genista* Ginster: *G. lydia,* breitbuschig, goldgelb, Mai-Juni; *G. radiata* Strahlenginster, flachwachsend, gelb, Mai-Juni; *G. tinctoria* Färberginster, buschig, gelb, reichblühend, Juli-August. *Perovskia* Blauraute: *P. abrotanoides,* lockerer Wuchs, lila, August-September, Laub graugrün, aromatisch duftend. *Potentilla* Fingerkraut: *P. fruticosa,* buschig und dichtzweigig, gelb, Mai-Oktober, Blätter klein und fünfteilig. Formen: 'Arbuscula', flachwachsend, hellgelb, 'Farreri', buschig, goldgelb, 'Goldfinger', bis 80 cm, hellgelb, 'Jackmann', bis 1 m, dunkelgelb, 'Klondike', niedrig, gelb, 'Tangerine', niedrig, orangegelb, Fingerkräuter sind anspruchslose Dauerblüher.

Mittelhohe Sträucher mit einer Wuchshöhe von 1–2 m. *Cotoneaster* Zwergmispel: *C. franchetii,* Wuchs überhängend, rötlich, Juni, Laub graugrün, Früchte orangerot, lange haftend, für geschützte Lage. *Cytisus* Geißklee, Ginster: *C. x praecox* Elfenbeinginster (Bild 27), dicht buschig und breit wachsend, schwefelgelb, duftend April-Mai, viele Sorten von hellgelb bis purpurrot; *C. scoparius* Besenginster, lange, rutenförmige, grüne Zweige, gelb, Mai-Juni, viele Sorten von gelb bis rotbraun, nicht für stark kalkhaltige Böden. *Salix* Weide: *S. hastata* 'Wehrhahnii' Engadinweide, dichtbuschig, Blütenkätzchen silberweiß, April-Mai, Laub graugrün, für feuchteren Standort.

Höhere Sträucher (auch baumartig), mit einer Wuchshöhe von 2–4 m. *Betula* Birke: *B. humilis* Strauchbirke, buschig, kleinblättrig. *Ilex* Stechpalme: *I. aquifolium,* aufrechtwachsend, Laub glänzend, immergrün, mit stacheligem Rand, Früchte korallenrot. Viele Formen, darunter 'J. C. van Tol', reichfruchtend, 'Pyramidalis', mit ganzrandigen Blättern. Stechpalmen lieben einen halbschattigen und geschützten Standort. *Sorbus* Eberesche: *S. koehneana,* weiß, Mai-Juni, Früchte weiß mit roten Stielen; *S. vilmorinii,* weiß, Juni, Laub zierlich, Früchte lachsrot.

Bild 27. Der Elfenbeinginster (*Cytisus x praecox*) wächst zu einem breit ausladenden Busch heran und bringt mit seinen schwefelgelben, wohlriechenden Blüten Abwechslung in die Heidefläche.

Bild 28. Der Rosmarinseidelbast (*Daphne cneorum*) blüht ab Mai. Seine karminrosa Blüten duften stark.

Baumartige Laubgehölze, bis 6 m Wuchshöhe. *Betula* Birke: *B. albo-sinensis* Kupferbirke, lockere Krone, Laub gelbgrün, Rinde orangenfarben; *B. verrucosa* 'Youngii' Trauerbirke, Äste und Zweige lang herabhängend, meist ohne Mitteltrieb. *Nothofagus* Scheinbuche: *N. antarctica,* langsamwüchsig, fächerartige Zweige, Blätter gewellt, klein, gelbe Herbstfärbung.

Kalkliebende Laubgehölze (nicht für reine *Calluna*-Heiden geeignet). *Daphne* Seidelbast: *D. cneorum* Rosmarinseidelbast, Steinrösl, niederliegender Wuchs, karminrosa, Mai-Juni, stark duftend, Laub immergrün (Bild 28). *Dryas* Silberwurz: *D. octopetala,* ganz flachwachsend, teppichbildend, weiß, Juni-August, Laub immergrün, fedrige Fruchtstände; *D. x sündermannii,* sehr ähnlich der vorherigen Art, elfenbeinweiß, Mai-Juli. *Lavandula* Lavendel: *L. angustifolia,* dichtbuschig, blau, Juli-August, Laub grau, aromatisch duftend, davon viele Sorten. *Teucrium* Gamander: *T. chamaedrys* Edelgamander, rosarot, Juli-September, Laub derb, 30 cm.

Rosen

Für den Heidegarten und seine Randbepflanzung kommen nur Wildrosen in Betracht und von den Gartensorten (Hybriden) nur solche, mit einem gewissen „Wildcharakter". Wir bevorzugen die einfachblühenden Rosen, weil sie sich natürlicher in den Kreis der übrigen Heidepflanzen einfügen. Von manchen Wildrosen sind durch Kreuzung mit anderen Rosenarten schöne Gartensorten entstanden, die man auch unter dem Namen „Strauchrosen" zusammenfaßt. Die „Dauerblühenden Strauchrosen", deren Flor bis weit in den Herbst hinein währt, eignen sich ebenfalls für den Heidegarten. Von den reichblühenden Polyantha- und Floribundarosen lassen sich einige einfachblühende Sorten verwenden. Rosen wirken nicht nur durch den Duft ihrer Blüten, sondern auch durch die Farbenpracht ihrer Früchte (Hagebutten), die im Herbst einen besonderen Schmuck im Garten darstellen. Bei manchen Arten bilden auch das Laub und die verschiedenartig gestalteten Stacheln (fälschlich als Dornen bezeichnet) eine Zierde.

Rosen verwendet man nur sparsam im Heidegarten und vorwiegend als Einzelpflanzen mehr im Randbereich. Sie lieben lehmhaltige, schwere Böden und ihre Pflanzstellen muß man entsprechend herrichten. Rosen bevorzugen einen „offenen" Boden, man sollte sie daher nicht mit bodendeckenden Stauden unterpflanzen.

Wildrosen (Reine Arten), einfachblühende halbhohe Arten. *Rosa pimpinellifolia* (*R. spinosissima*) Bibernellrose, gelblichweiß, Mai-Juni, Hagebutten braunschwarz, Ausläufer bildend, bis 1 m; *R. rugosa* Kartoffelrose, rosa, Juni-September, Laub derb runzelig, Hagebutten sehr groß, bis 1,5 m (bevorzugt kalkfreie Böden), *R. rugosa* 'Alba', wie die Art aber weißblühend.

Dauer- oder öfterblühende Strauchrosen (Zierstrauchrosen), reich- und langeblühend, Blüten einfach bis halbgefüllt. 1–1,5 m hoch. Empfehlenswerte Sorten: 'Berlin', zinnoberrot mit gelber Mitte, 'Feuerwerk', leuchtendorangerot, 'Gay Vista', hellrosa, großblumig, 'Golden Wings', schwefelgelb, großblumig.

Polyantha- und Floribundarosen, reichblühend bis zum Herbst, bis 1 m. 'Betty Prior', karminrosa mit heller Mitte, 'Sarabande' geranienrot, niedrig, 'Silberlachs', silbrig-lachsrosa, halbgefüllt.

Stauden

Stauden sind Pflanzen mit einem ausdauernden, mehrjährigen Wurzelstock, der alljährlich neu austreibt. Ihre oberirdischen krautartigen Teile

sterben im Herbst ab; manche Arten aber behalten ihre immergrünen Blätter auch den Winter über. Unsere bekannten Stauden kamen ursprünglich als Wildpflanzen in die Gärten. Zum Teil haben sie sich ihren Wildcharakter unverändert bewahrt – man bezeichnet sie deshalb als „Wildstauden“. Aus anderen hat man im Laufe der Zeit viele Gartensorten herausgezüchtet. Aber auch Zufallssämlinge in den Anzuchten oder Findlinge aus der freien Natur bereicherten die heute sehr umfangreichen Staudensortimente.
Für den Heidegarten wählen wir möglichst solche Wildstauden und Sorten, die ähnliche Bedürfnisse haben und durch ihr äußeres Erscheinungsbild hierher passen. Mit Ausnahme der Bodendecker pflanzt man Stauden im Heidegarten nicht gruppenweise, sondern einzeln oder in kleinen Trupps, je nach ihrem Wuchscharakter und dem Umfang der Anlage.

Stauden für saure und kalkhaltige Böden

Bodendeckende Stauden haben einen dichten, flachen Wuchs. Durch zahlreiche Ausläufer und kriechende Ranken eignen sie sich daher wie viele polsterbildende Stauden sehr gut zum Bepflanzen zusammenhängender Flächen. Während der Blütezeit beträgt ihre durchschnittliche Höhe 5–20 cm. *Acaena* Stachelnüßchen, immergrüne, wuchernde Stauden mit borstigen Fruchtständen: *A. buchananii,* Blätter graugrün; *A. microphylla,* Blätter braungrün. *Achillea* Schafgarbe: A. tomentosa, gelb, Mai-Juni, Blätter gefiedert, grau. *Antennaria* Katzenpfötchen: *A. dioica,* rosa-weiß, Mai-Juni, silbergraue Teppiche bildend. Weitere Sorten: ‘Rubra’, rotblühend und ‘Tomentosa’, starkwachsend, kalkfliehend. *Armeria* Grasnelke: *A. maritima,* rosarot, Juni-September, immergrüne, grasartige Polster. *Artemisia* Beifuß, Edelraute: *A. schmidtiana* ‘Nana’, weiß, Juni, Blätter silbrig, geschlitzt. *Hieracium* Habichtskraut: *H. pilosella* ‘Niveum’, gelb, Blätter grau, behaart; *H. x rubrum,* rot, beide Juni-August blühend. *Potentilla* Fingerkraut: *P. verna* ‘Nana’, goldgelb, April-Juni, Blätter erdbeerartig. *Sedum* Fetthenne, Mauerpfeffer, sehr anspruchslose, dickblättrige Pflanzen für trockenste Standorte, Blütezeit Juni-August: *S. album,* weiß, *S. album* ‘Coral Carpet’, Blätter im Herbst broncerot, *S. album* ‘Murale’, Blätter braunrot; *S. floriferum* ‘Weihenstephaner Gold’, gelb; *S. hybridum* ‘Immergrünchen’, gelb, Blätter wintergrün. *Stachys* Ziest: *S. olympica* (*S. lanata*) ‘Siver Carpet’, kaum blühend, Blätter dicht weißfilzig. *Thymus* Thymian, anspruchslose Pflanzen mit kleinen, aromatisch duftenden Blättern, reichblühend von Juni-August, dicht- und flachwachsend: *T. x citrodorus* ‘Golden Dwarf’, lila, Blätter goldbunt; *T. doerfleri* ‘Bressingham Seedling’, rosa Blätter behaart; *T. pseudolanuginosus,* rosa, Blätter weißwollig; *T. serpyllum* ‘Albus', weiß, *T. serpyllum* 'Coccineus', karminrot. *Veronica* Ehrenpreis: *V. prostrata,* blau.

Niedrige Stauden haben einen dichten, manchmal polsterartigen Wuchs. Man pflanzt sie in kleinen Trupps in Verbindung mit Gräsern und Zwerggehölzen. Die Höhe ihrer Blütenstände beträgt 5–20 cm. *Carlina* Eberwurz, Wetter- oder Silberdistel: *C. acaulis,* große, silberweiße Blütenkörbchen, Juni-September, Blattrosetten stachelig gezähnt; *Dianthus* Nelke: *D. deltoides* Heidenelke (Bild 29). Sorten: 'Brillant' und 'Leuchtfunk', beide dunkelrot, Juni-September, kalkfliehend. *Helianthemum* Sonnenröschen, immergrüne, reichblühende Halbsträucher, die man aber zu den Stauden zählt. Es gibt eine große Anzahl Gartenhybriden mit weißen, gelben, rosa und roten Blüten. Für den Heidegarten empfehlen sich einfachblühende Sorten, Blütezeit Juni-August. *Potentilla* Fingerkraut; *P. aurea* 'Goldklumpen', gelb, April-Mai.

Halbhohe Stauden haben eine Wuchshöhe von 30–50 cm. Sie dürfen im Heidegarten nur einzeln oder in kleinen Gruppen auftreten, je nach Wuchshöhe mehr im Randbereich oder auch zur Auflockerung der flächigen Bodendecker und als Nachbarn zu Gräsern. Höherwachsende

Bild 29. Nur auf sauren Böden gedeiht die Heidenelke *Dianthus deltoides.*

Bild 30. *Carlina acaulis* ssp. *simplex* ist eine langstengelige Unterart der Silberdistel.

Stauden sollte man nicht zwischen Heidekräuter pflanzen. *Anaphalis* Perlpfötchen: *A. triplinervis,* weiß, Juni-September, Blätter silbrig, Sorten: 'Silberregen' und 'Sommerschnee'. *Anthericum* Graslilie: *A. liliago,* weiß, lilienartig, Mai-Juni, Blätter grasartig. *Carlina* Eberwurz, Silberdistel: *C. acaulis* ssp. *simplex (= C. a. caulescens*), langstengelige Unterart der Silberdistel (Bild 30). *Eryngium* Edeldistel, dekorative Pflanzen mit blauen, stacheligen Blütenköpfen, Juni-September: *E. bourgatii,* Blätter weiß gezeichnet; *E. planum* 'Blauer Zwerg'; *E. tricuspidatum,* Blätter silbrig geadert. *Inula* Alant: *I. ensifolia* 'Compakta', gelbe Strahlenblüten, Juli-August. *Origanum* Dost, Wilder Majoran: *O. vulgare* 'Compactum', rosalila, Juli-September, Blätter aromatisch duftend. *Veronica* Ehrenpreis: *V. incana,* dunkelblau, Juni-Juli, Blätter silbrigweiß; *V. spicata* 'Erika', dunkelrosa, *V. spicata* 'Saraband', violett, beide mit graugrünen Blättern, Juni-August blühend.

Hohe Stauden mit einer Wuchshöhe von 60 cm aufwärts sind im Heidegarten nur als Einzelpflanzen unterzubringen, je nach Größe der Anlage am Rande oder in der offenen Fläche, am besten in Gemeinschaft mit höheren Gräsern oder als Vorpflanzung bei Gehölzen. *Aster* Aster: *A. x frikartii* 'Wunder von Stäfa', große, himmelblaue Blüten, August-Oktober. *Echinops* Kugeldistel: *E. ritro,* stahlblaue Blütenköpfe, Blätter graugrün, fiederspaltig, *E. ritro* 'Veitchs Blue', Juli-September. *Liatris*

Prachtscharte: *L. spicata,* violettrote Blütenkerzen, Juli-September, Blätter grasartig. *Verbascum* Königskerze, von ihr sind die meisten Arten nur zweijährig, sie säen sich aber von selbst immer wieder aus. Alle lieben trockene, sandige Böden, ihre Blütezeit ist Juni-August: *V. bomyciferum* (Bild 31), hellgelb, Blätter auffallend silbrig wollig, *Verbascum*-Hybride 'Densiflorum', gelb mit dunkler Mitte; *V. olympicum,* gelb, Blätter groß, weißwollig, hochwachsend; *V. phoeniceum,* violett.

Stauden für ausgesprochen kalkhaltige Böden (Steppenheide).

Sie bevorzugen von Natur aus einen mehr oder weniger kalkhaltigen Boden.

Niedere Arten 15–30 cm hoch. *Adonis* Adonisröschen: *A. vernalis,* goldgelbe Blütensterne (Bild 32), April-Mai, Blätter hellgrün, fein zerteilt. *Alyssum* Steinkraut: *A. montanum* 'Berggold', leuchtendgelb, Mai-Juni, Blätter klein, grau. *Anemone* Anemone, Windröschen: *A. sylvestris,* weiß, Mai-Juni, wuchert. *Dianthus* Nelke: *D. carthusianorum* Karthäusernelke, purpurrot, Juni-September; *D. gratianopolitanus* (= *D. caesius*) Pfingstnelke, rosa, Mai-Juni, duftend, Blätter blaugrün. Sorten: 'Blauigel', hellpurpur, 'Feuerhexe', purpurrot. *Globularia* Kugelblume: *G. trichosantha,* leuchtendblau, Mai-Juni, Blätter ledrig, immergrün. *Linum*

Bild 31. *Verbascum bombyciferum* mit seinen silbrig behaarten Blättern wirkt zusammen mit verschiedenfarbenen Fingerhüten (*Digitalis*) besonders interessant im Heidegarten.

Bild 32. Auf ausgesprochen kalkhaltigen Böden wächst das Adonisröschen (*Adonis vernalis*).

Bild 33. Die Küchenschelle (*Pulsatilla vulgaris*) entfaltet schon im März ihre dunkelvioletten Blütenglocken.

Lein: *L. flavum* 'Compactum', gelb, Juni-August. *Lithospermum* Steinsame: *L. purpureo-caeruleum,* rotblau, Mai-Juni, Blätter graugrün. *Pulsatilla* Küchenschelle: *P. vulgaris,* dunkelviolett (Bild 33), behaarte Blütenglocken, März-April, Blätter gefiedert, auch noch weiße und rote Sorten. *Veronica* Ehrenpreis: *V. teucrium,* leuchtendblau, Mai-Juli. Sorten: 'Knallblau' und 'Shirley Blue'.

Halbhohe Arten 30–50 cm hoch. *Aster* Aster: *A. amellus* Kalk- oder Bergaster, die kleinblütige Wildart ist nicht in Kultur. Großblütige Sorten: 'Blütendecke', silberblau, 'Dr. O. Petschek', lavendelblau, 'Lady

Bild 34. Die Frühlingschristrose (*Helleborus x hybridus*) kommt in verschiedenen Farbvariationen vor. Sie blüht zwischen Februar und April.

Hindlip', rosa, 'Sternkugel', violett, 'Veilchenkönigin', dunkelblau, alle August-Oktober. *Buphthalmum* Ochsenauge, Goldmargerite: *B. salicifolium,* gelb, Juni-August, Blätter lanzettlich. *Geranium* Storchschnabel: *G. sanguineum,* karminrot, Mai-Juli. *Helleborus* Christrose: *H. x hybridus* Frühlingschristrose, weiß, rosa oder purpurn (Bild 34), Februar-April, Blätter geteilt, immergrün; *H. niger* Schneerose, weiß, Dezember-März. *Salvia* Salbei: *S. nemorosa* 'Mainacht', tiefblau, 'Ostfriesland', violett, beide Mai-September.

Höhere Arten von 60–80 cm. *Aster* Aster: *A. linosyris* Goldaster, gelbe, knopfartige Blüten, August-September, Blätter sehr schmal. *Dictamnus* Diptam: *D. albus,* rosa, Mai-Juni, Blätter gefiedert, stark duftend. *Digitalis* Fingerhut: *D. grandiflora,* blaßgelbe Blütenglocken, Juni-Juli. *Linum* Lein: *L. perenne* Staudenlein, hellblau, Mai-August (Dauerblüher).

Gräser

Zu den Bestandteilen der natürlichen Pflanzendecke in der Heidelandschaft gehören auch Gräser. Es gibt wohl kaum eine andere Stelle im Garten, wo sie sich harmonischer einfügen, als gerade im Heidegarten. Ihre Formenvielfalt ermöglicht eine recht vielseitige Verwendung. Die niedrigen, feinhalmigen Arten eignen sich sehr gut zur flächigen, bodendeckenden, die halbhohen und horstbildenden mehr zu einer locker gruppierten Anpflanzung. Die hohen Arten mit ihrer „majestätischen" Erscheinung erhalten einen besonderen Platz. Als Solitärpflanzen lokkern sie eine niedrige und flächige Heideanlage auf. Die Blattfärbung mancher Gräser wie der blaugrünen Schwingelarten sorgt für Abwechslung. Besonders schmückend wirken die vielgestaltigen Blütenstände (Ähren und Rispen).
Außer den heimischen Arten haben sich auch zahlreiche winterharte Gräser aus fremden Ländern längst ein Heimatrecht in unseren Gärten erworben. Die „Ziergräser", wie man sie auch nennt, sind noch ursprüngliche Wildpflanzen, die durch gärtnerische Züchtung nicht beeinflußt wurden. Die Gartenformen, die sich im Handel befinden, entstanden durch bewußte Auslese bei der Anzucht oder man hat sie zufällig in freier Natur entdeckt. Zu den Echten Gräsern rechnet man im gärtnerischen Sinne auch noch andere grasartige Gewächse wie die Sauergräser (Cyperaceae) und die Binsen (Juncaceae). Auch hier beziehen sich die Höhenangaben auf die voll entwickelten Blütenstände; die Höhe der Blatthorste beträgt in der Regel etwa ein Drittel bis die Hälfte der angegebenen Maße.
Niedrige Gräser von 10–30 cm Höhe. *Bouteloua* Moskitogras: *B. gracilis* (=*B. oligostachya*), Ährchen waagrecht abstehend, Juni-Juli, Blätter schmal. *Festuca* Schwingel: *F. amethystina* Regenbogenschwingel, Juni-Juli, bläulichgrüne Blatthorste; *F. glacialis* Gletscherschwingel, Blätter blaugrün, polsterbildend; *F. glauca* Blauschwingel (Bild 35), April, Blätter schmal, blau, feste Horste bildend, Sorten: 'Silberreiher', 'Bergsilber', mit silbrigblauen Blättern; *F. ovina* Schafschwingel, Sorten: 'Blaufuchs', 'Harz', 'Solling', alle mit feinen, blaugrünen Blättern; *F. valesiaca* 'Glaucantha', Zwergblauschwingel, niedrig.
Halbhohe Gräser von 40–60 cm. *Briza* Zittergras: *B. media,* Ährchen herzförmig, Juni-Juli. *Festuca* Schwingel: *F. mairei* Atlasschwingel, lok-

kere, blaugrüne Blatthorste. *Koeleria,* Schillergras: *K. glauca* 'Gracilis', Juni-Juli, graugrüne Blattbüschel. *Melica* Perlgras: *M. ciliata* Wimperperlgras, Ährchen zylindrisch, gelblich, Mai-Juni, Blätter graugrün; *M. transsilvanica* Siebenbürger Perlgras, Ährchen hellbraun, Juni.

Hohe Gräser von 60–120 cm. *Deschampsia* Rasen- oder Waldschmiele: *D. caespitosa,* Ähren gelblich, überhängend, Juni–August, Blätter dunkelgrün, große, feste Horste bildend, Sorten (Naturauslesen): 'Bronzeschleier', 'Tardiflora', 'Tauträger', u.a. *Hystrix* Flaschenbürstengras: *H. patula,* eigenartige, dekorative Ähren, Blätter schilfartig, Juli. *Molinia* Pfeifengras: *M. arundinacea* Riesenpfeifengras, Ähren überhängend, August–September, Blätter schmal, aufrecht, Sorten: 'Fontäne', 'Karl Foerster' und 'Windspiel' (bis 2 m hoch); *M. caerulea,* Ähren an drahtigen Stielen, August–Oktober, Blätter schmal, horstbildend, Sorten: 'Moorhexe', mit schwarzen Ähren, 'Variegata', Blätter weiß gerandet. *Panicum* Hirse: *P. virgatum* Rutenhirse, braune Ähren, Juli–September, Sorten: 'Rehbraun', braune Halm- und Blattfärbung, 'Strictum', mit straffem Wuchs. *Pennisetum* Federborstengras: *P. alopecuroides* (= *P. compressum*) Lampenputzergras, Ähren walzenförmig, dekorativ, August–Oktober, Blätter schmal, horstbildend, die Sorte 'Hameln' ist niedriger. *Uniola* Plattährengras: *U. latifolia,* Ähren plattgedrückt, überhängend, September–Oktober, Blätter dunkelgrün.

Bild 35. Der Blauschwingel (*Festuca glauca*) mit seinen blaugrünen Blättern fügt sich gut in den Heidegarten ein.

Sauergräser 20–40 cm hoch. *Carex* Segge: *C. buchananii* Fuchsrote Segge, Blätter rotbraun, dünn, horstbildend; *C. montana* Bergsegge, Blätter schmal, dichte Büschel bildend, kalkliebend; *C. ornithopoda* 'Variegata' Vogelfußsegge, Blätter schmal, weiß gerandet. Binsen (Simsen): *Luzula* Hainsimse: *L. pilosa* Behaarte Hainsimse, Blätter schmal, weiß behaart; *L. sylvatica* Wald-Hainsimse, Blätter dunkelgrün, Sorten: 'Tauernpaß', breitblättrig und 'Marginata', Blätter weiß gerandet, beide für Halbschatten.

Kalkliebende und -verträgliche Gräser. *Achnatherum* Rauhgras: *A. calamagrostis* (=*Lasiagrostis calamagrostis*) Straußengras, dekorative, bis in den Winter haltende Blütenstände, Juli-September. *Avena* Hafer: *A. sempervirens* Blaustrahlhafer, Ähren aufrecht, locker, gelblich, Juli-August, Blätter starr, blaugrau. *Chrysopogon* Goldbartgras: *C. nutans,* Rispen rötlichbraun, August-Oktober, Blätter graugrün, horstbildend. *Sesleria* Blau- oder Kopfgras: *S. caerulea,* Ährchen blau überlaufen, April-Mai, Blätter blau bereift; *S. heufleriana,* April-Mai, Blätter immergrün. *Stipa* Federgras, eigenartige Pflanzen mit langen, federartigen Blütengrannen, Juni-August, Blätter sehr schmal: *S. barbata* Reiherfedergras; *S. capillata* Büschelhaargras; *S. pennata* Federgras. Die genannten Arten haben eine Wuchshöhe von 50–100 cm, die *Sesleria*-Arten sind niedriger.

Zwiebelpflanzen

Obwohl in natürlichen Heidegebieten keine Zwiebelblumen vorkommen, kann man sie im Heidegarten durchaus in bedingter Auswahl verwenden. Besonders die Vorfrühlingsblüher bringen schon zeitig im Jahr Farbe in die noch blütenarme Heide, andere, später blühende Arten sorgen dann im Herbst für farbige Abwechslung. So helfen diese bescheidenen und dankbaren Pflanzen mit, das Blütenjahr unserer Heide auszudehnen. Zur Ansiedlung sind nur die sogenannten Kleinblumenzwiebeln geeignet. Man setzt sie in Tuffs mehr im Randbereich, vor und unter Gehölze, aber auch zwischen niedrige Gräser und Stauden in die offene Heidefläche. Zwischen *Calluna* und *Erica* sollte man keine Blumenzwiebeln setzen, weil ihre vergilbten Blätter nach dem Verblühen inmitten der Heidekräuter störend wirken. Die großblütigen, farblich stark hervortretenden Gartensorten von Krokus, Tulpen und Narzissen sind besser in Blumenrabatten und Beeten aufgehoben. Am schönsten sind kleinblütige Wildformen, die sich unaufdringlich in einen naturnahen Garten eingliedern. Viele der meist fremdländischen Zwiebelpflanzen, haben sich im Laufe der Zeit in unseren Gärten eingebürgert. Einige davon – wie Krokus, Laucharten und Zwiebeliris – passen als Steppenpflanzen gut in den Heidegarten und bilden mit Gräsern und bodendeckenden Stauden harmonische Gemeinschaften.

Bild 36. Ein Herbstblüher unter den Krokusarten: *Crocus speciosus.*

Bild 37. *Colchicum speciosum* bildet im Herbst viele zartlila Blüten.

Die Blumenzwiebeln pflanzt man im zeitigen Herbst, nur die Herbstkrokusse und Zeitlosen kommen schon im August in den Boden. Die erforderlichen Pflanztiefen: Winterling und Blumenlauch 6–8 cm; Schneeglanz, Krokus, Schneeglöckchen, Zwiebeliris, Milch- und Blaustern, Puschkinie 10–12 cm; Herbstzeitlose 20 cm.

Vorfrühlingsblüher. *Chionodoxa* Schneeglanz: *C. luciliae* und *C. sardensis,* beide blau. *Crocus* Krokus: *C. ancyrensis* Ankarakrokus, orange; *C. angustifolius* (= *C. susianus*) Goldlackkrokus, goldgelb/braun; *C. chrysanthus,* gelb, viele Sorten; *C. tomasinianus,* violett. *Eranthis* Winterling: *E. cilicica,* goldgelb; *E. hyemalis,* gelb. *Galanthus* Schneeglöckchen: *G. elwesii* Riesenschneeglöckchen, weiß; *G. nivalis,* weiß. *Iris* Schwertlilie: *I. danfordiae,* gelb mit grüner Zeichnung; *I. reticulata,* purpurblau, viele Sorten. *Scilla* Blaustern: *S. sibirica,* leuchtendblau.

Frühlings- und Frühsommerblüher. *Allium* Blumenlauch: *A. cyaneum* Enzianlauch, blau; *A. flavum* Gelber Lauch, gelb; *A. karataviense* Blauzungenlauch, lilarosa; *A. oreophilum* Rosenlauch, karminrosa; *A. pulchellum* Zierlicher Lauch, lila. *Muscari* Traubenhyazinthe: *M. armeniacum,* kobaltblau; *M. botryoides,* violettblau. *Ornithogalum* Milchstern: *O. umbellatum* 'Stern von Bethlehem', weiß. *Puschkinia* Puschkinie: *P. scilloides,* hellblau. *Scilla* Blaustern: *S. hispanica* (= *S. campanulata*) blau, weiß und rosa; *S. non-scripta* (= *S. nutans*) hellblau.

Herbstblüher. *Crocus* Krokus: *C. pulchellus* und *C. speciosus* (Bild 36), leuchtendblau. *Colchicum* Zeitlose: *C. bornmuelleri* reinviolett; *C. byzanthinum,* lila; *C. speciosum,* lila (Bild 37). Alle Zeitlosen wachsen stark, d. h. sie bilden im Frühjahr große Blatthorste und benötigen entsprechend viel Platz.

Die Randbepflanzung

Laub- und Nadelgehölze im Randbereich bilden im Heidegarten, vor allem bei größeren Anlagen, einen natürlichen Abschluß. Sie sollten sich allerdings in das gesamte Heidebild harmonisch einfügen. Deshalb muß man auch ihre späteren Ausmaße berücksichtigen und auf die Größe des Heidegartens abstimmen. Mit der Randbepflanzung grenzt man zugleich gegen andere Gartenteile ab, außerdem bietet sie auch Sicht- und Windschutz.
Nadelhölzer geben mit ihrer dunklen, immergrünen Benadelung eine gute Kulisse für die Heidepflanzen. Zur Auflockerung kann man passende Laubgehölze dazwischen pflanzen.
Die Randgehölze nehmen im Laufe der Jahre an Höhe und Breite zu, deshalb muß man schon bei der Pflanzung an Grundstücksgrenzen den gesetzlich vorgeschriebenen Mindestabstand zum Nachbarn einhalten. Kann man aus irgendwelchen Gründen die örtlich geltenden Grenzabstände nicht einhalten, ist es immer ratsam, vorher mit dem Nachbarn das Problem zu besprechen und gemeinsam nach einer vernünftigen Lösung zu suchen. Bei kleineren Anlagen verwendet man ohnehin auch niedrigere Pflanzen, manche davon haben wir schon bei den Pflanzen für den Heidegarten besprochen (Bild 38).

Bild 38. Im Randbereich des Heidegartens lockern Wildstauden die Pflanzung auf.

Nadelgehölze

Strauchartig- und aufrechtwachsende Arten und Formen, 3–5 m hoch. *Juniperus* Wacholder: *J. communis,* alle höheren Formen (siehe Heidegarten); *J. virginiana* Virginischer Wacholder, Rotzeder, Formen: *J. virginiana* 'Burkii', breitkegelförmiger Wuchs, blaugrün, *J. virginiana* 'Canaertii', säulenförmig, schlank, dunkelgrün, *J. virginiana* 'Glauca' dichte, breite Säulenform, blaugrün. *Pinus* Kiefer: *P. mugo* (*P. montana*) Bergkiefer, Latsche, breit- und hochwachsend, dunkelgrün.
Höher und baumartig wachsende Arten und Formen, bis 10 m und höher. *Cedrus* Zeder: *C. atlantica* 'Glauca' Blaue Atlaszeder, waagrecht stehende Äste, graublau, kalkliebend; *C. atlantica* 'Glauca Pendula', Hängeform. *Picea* Fichte: *P. abies* Gemeine Fichte, Rottanne, starkwachsend, Formen: *P. abies* 'Columnaris' Säulenfichte, dicht und schmalwerdend, *P. abies* 'Cupressins' Zypressenfichte, pyramidaler Wuchs; *P. breweriana* Mähnenfichte, breitwachsend, abstehende Äste, Zweige hängend, dekorativ; *P. omorika* Serbische Fichte, schmaler, hoher Wuchs, Nadeln dunkelgrün, unterseits weiß; *P. purpurea* Purpurfichte, dichtzweigig, Nadeln klein, dunkelgrün. *Pinus* Kiefer: *P. contorta* Drehkiefer, dichter Wuchs, gedrehte Nadeln; *P. nigra* Schwarzkiefer, hochwachsend, breitkronig, dunkelgrün, kalkliebend; *P. sylvestris* Gemeine Kiefer, Föhre starkwachsend.

Laubgehölze

Strauchige Arten und Formen, 2–5 m hoch. *Amelanchier* Felsenbirne: *A. canadensis,* weiß, April-Mai, Herbstfärbung; *A. laevis,* weiß, Mai, auch baumartig wachsend. *Cotoneaster* Zwergmispel: *C. dielsianus,* rötlich, Juni, Laub sommergrün, Früchte rot; *C. divaricatus,* weiß, Juni, Laub sommergrün, Früchte rot; *C. salicifolius* var. *floccosus,* breiter, überhängender Wuchs, weiß, Juni, Laub immergrün, unterseits weißfilzig, Früchte rot; *C. x watereri* 'Cornubia', weiß, Juni, Laub immergrün, Früchte hellrot, lange haftend. *Tamarix* Tamariske: *T. odessana* Kaspische Tamariske, aufrecht und locker wachsend, hellrosa, Juni-September, Laub immergrün, schuppenartig.
Höhere und baumartig wachsende Arten und Formen, 10–15 m. *Betula* Birke: *B. verrucosa* Sand- oder Weißbirke, starkwachsend, *B. verrucosa* 'Darlecarlica', Laub gelappt, *B. verrucosa* 'Fastigiata' Pyramidenbirke, säulenförmiger Wuchs, gedrehte Zweige, *B. verrucosa* 'Tristis' Hängebirke, starkwachsend. *Sorbus* Eberesche: *S. americana,* kleiner Baum, weiß, Mai, Früchte rot; *S. aria* Mehlbeere, oft mehrstämmig, weiß, Mai-Juni, Früchte orangerot, kalkliebend; *S. aucuparia* Vogelbeere, starkwach-

send, weiß, Mai, reicher Fruchtbehang, *S. aucuparia* 'Fastigiata', schmaler Säulenwuchs, *S. aucuparia* 'Edulis' (= *S. a.* 'Moravica') Mährische oder Eßbare Eberesche, Früchte rot, bis 1 cm dick, verwertbar; *Sorbus Lombarts*-Hybriden, als Zierfruchtebereschen bezeichnet, verschiedene Neuzüchtungen mit schönem Fruchtschmuck im Herbst: 'Golden Wonder', weiß, Mai-Juni, Früchte goldgelb, 'Kirsten Pink', weiß, Mai, Früchte reinrosa, 'Red Tip', weiß, Mai, Früchte weiß, rot gepunktet.

Rosen

Wildrosen (Reine Arten), meist nur einmal blühend im Frühsommer, schöner Fruchtbehang im Herbst, starkwachsend, 2–2,5 m. *Rosa hugonis* Chinesische Goldrose, hellgelb, Mai-Juni, zierliches Laub; *R. glauca* (= *R. rubrifolia*) Rotblättrige Rose, karminrosa, Juni; *R. rubiginosa* Weinrose, hellrosa, Juni, Laub duftend.
Einmalblühende Strauchrosen, meist sehr reich blühend, einfach bis halbgefüllt, teils duftend, manche üppig fruchtend, bis 2 m hoch. *Rosa canina* 'Kiese', leuchtendrot; *R. foetida* 'Bicolor' Kapuzinerrose, orangerot/gelb; *R. pimpinellifolia*-Hybriden: 'Frühlingsgold', goldgelb, duftend, 'Frühlingsmorgen', karminrosa, 'Frühlingszauber', hellrot, duftend, alle im Frühsommer blühend.
Dauerblühende Strauchrosen, reich- und lange blühend, geeignete Sorten. 'Hanseat', rosarot, duftend, 'Sparrieshoop', lachsrosa, großblumig.

Heidepflanzen für Tröge und andere Pflanzgefäße

Mit niedrig bleibenden, nur langsam wachsenden Gehölzen und Stauden kann man in Steintrögen, Balkonkästen und Pflanzkübeln harmonische Pflanzengemeinschaften zusammenstellen, die das ganze Jahr über ihren Schmuckwert behalten. Die Gefäße dürfen nicht zu klein sein, damit wir auf dem Boden eine 2–3 cm dicke Schicht aus Kies oder Topfscherben als Dränage unterbringen können. Darauf geben wir etwa 10 cm hoch eine Lage aus nassem Torfmull, füllen dann mit dem angefeuchteten Pflanzsubstrat auf und drücken es an, so daß ein 1–2 cm hoher Rand freibleibt. Durch diesen Gießrand verhindern wir das oberflächliche Ablaufen des Wassers. Mengt man dem Torf-Sand-Gemisch reichlich Lehmerde bei, hält sich das Wasser besser in der lockeren Masse. Je nach Gefäßmenge mischen wir noch einige Handvoll eines organischen Düngers unter die Erde. In allen Gefäßen muß man auf genügend große Abstände achten, damit sich die Pflanzen später gegenseitig nicht behindern. Einige passende Steine, z. B. größere Kiesel zwischen den Zwerggehölzen und Stauden wirken nicht nur zierend, sondern halten auch die Erde feucht und kühl (Bild 39). Zum Einpflanzen eignen sich:

Heidekräuter. *Calluna vulgaris* 'Alba Rigida', 'Foxii Nana', 'Pilosa', 'Sister Anne'; *Erica carnea* 'Rubra', Vivellii', 'Winter Beauty'.

Nadelgehölze. *Juniperus communis* 'Compressa', 'Echiniformis', 'Nana Aurea', *Juniperus squamata* 'Blue Star'; *Picea abies* 'Echiniformis', 'Pumila Glauca', *Picea glauca* 'Echiniformis', 'Laurin'; *Pinus aristata, Pinus mugo* var. *mughus* 'Gnom', *P. mugo* var. *pumilio.*

Laubgehölze. *Berberis buxifolia* 'Nana', *B. thunbergii* 'Atropurpurea Nana', *Betula nana; Cotoneaster adpressus* 'Little Gem'; *Cytisus decumbens, C. x kewensis; Dryas octopetala, D. x sündermannii; Daphne cneorum; Genista sagittalis, G. tinctoria* 'Plena'.

Stauden. *Alyssum montanum; Dianthus deltoides, D. gratianopolitanus; Helianthemum*-Sorten; *Linum flavum* 'Compactum'; *Potentilla verna; Sedum*-Arten; *Thymus*-Arten; *Veronica prostrata.*

Gräser. *Festuca glacialis, F. glauca; Sesleria caerulea; Bouteloua gracilis.*

Zwiebelpflanzen. *Allium cyaneum, A. oreophilum; Crocus ancyrensis, C. angustifolius, C. chrysanthus, C. pulchellus, C. speciosus; Iris danfordiae, I. reticulata.*

Bild 39. Bepflanzung eines Sandsteintroges mit Heidepflanzen.

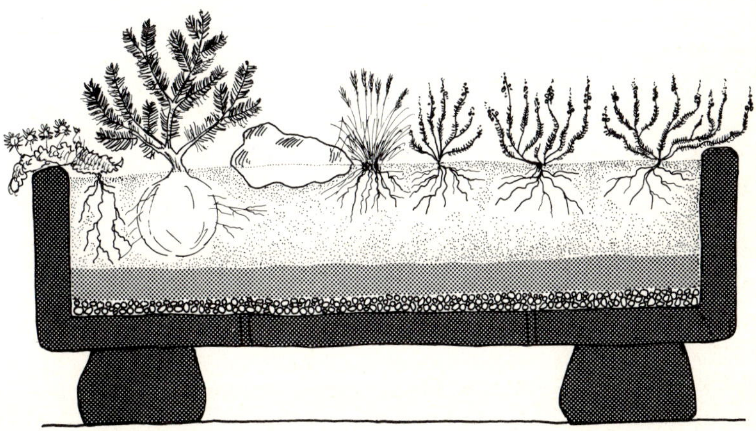

Bezugsquellen für Heidepflanzen

Gehölze, Stauden und Gräser für den Heidegarten erhält man in vielen Baumschulen und Staudengärtnereien. Das Angebot der Heidekräuter (besonders der *Calluna*) beschränkt sich aber, je nach den Bodenverhältnissen des Gebietes, meist nur auf einige wenige Sorten. Boden- und klimabedingt sind die Anzuchten für Heidekrautgewächse mehr in Norddeutschland und im benachbarten Holland. Ein größeres Sortiment an *Calluna, Erica* und anderen Heidekrautgewächsen führen folgende Versandbetriebe:

Heidegärtnerei Joh. Bornholdt, Kaltenkirchener Chaussee, 2081 Alveslohe

Heidegärtnerei Herbert Hatje, 2082 Tornesch/Alveslohe

Baumschule Hans Hachmann, Brunnenstraße 68, 2202 Barmstedt

Heidegärtnerei Hermann Westermann, Baumschulenweg 2, 3045 Bispingen

Staudenkulturen Hagemann, 3012 Langenhagen 6, Krähenwinkel b. Hannover

Heidegärtnerei P.G. Zwijnenburg Boskoop, Goudse, Rijweg 61, Holland

Heideschauanlagen

Heidepark des Krankenhauses Heidberg, Tangstedter Landstraße 400, 2000 Hamburg 62

Berggarten Hannover, Herrenhäuserstraße

Heidepark Driebergen, Holland

Heideschauanlage der Heidegärtnerei H. Westermann, Baumschulenweg 2, 3045 Bispingen

Heideschauanlage der Baumschule H. Hachmann, Brunnenstraße 68, 2202 Barmstedt

Heideschauanlage der Heidegärtnerei Kurt Kramer (kein Kleinversand) Hauptstraße 24, 2905 Süddorf

Heideanlage mit ökologischen Abteilungen im Botanischen Garten München-Nymphenburg, Obermenzingerstraße 63

Heidegarten, Ökologische Heideanlage und reichhaltige Wacholdersammlung (Arboretum) im Botanischen Garten der Universität Tübingen, Hartmeyerstraße 123, 7000 Tübingen.

Liebhaber-Gesellschaften

Gesellschaft der Heidefreunde, Tangstedter Landstraße 276, 2000 Hamburg 62.

Register

Die halbfett gedruckten Ziffern verweisen auf Abbildungen.